Die Fachhochschule Münster zeichnet jährlich hervorragende Abschlussarbeiten aus allen Fachbereichen der Hochschule aus. Unter dem Dach der vier Säulen Ingenieurwesen, Soziales, Gestaltung und Wirtschaft bietet die Fachhochschule Münster eine enorme Breite an fachspezifischen Arbeitsgebieten. Die in der Reihe publizierten Masterarbeiten bilden dabei die umfassende, thematische Vielfalt sowie die Expertise der Nachwuchswissenschaftler dieses Hochschulstandortes ab.

Weitere Bände in dieser Reihe http://www.springer.com/series/13854

Jonas Rejek

Verlustbestimmung im Abströmfeld einer Schaufelkaskade mit passiver Einblasung

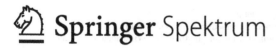

Jonas Rejek
FH Münster, Deutschland

Forschungsreihe der FH Münster
ISBN 978-3-658-18620-3   ISBN 978-3-658-18621-0   (eBook)
DOI 10.1007/978-3-658-18621-0

Die Deutsche Nationalbibliothek verzeichnet diese Publikation in der Deutschen National-
bibliografie; detaillierte bibliografische Daten sind im Internet über http://dnb.d-nb.de abrufbar.

Gedruckt auf säurefreiem und chlorfrei gebleichtem Papier

Springer Spektrum ist Teil von Springer Nature
Die eingetragene Gesellschaft ist Springer Fachmedien Wiesbaden GmbH
Die Anschrift der Gesellschaft ist: Abraham-Lincoln-Str. 46, 65189 Wiesbaden, Germany

Danksagung

Mein Dank gilt Prof. Dr.-Ing. aus der Wiesche, der es mir ermöglicht hat, dieses Projekt zu verwirklichen und mich bei Fragen nie hat im Regen stehen lassen. Weiterhin gilt mein Dank Felix Reinker, Marek Kapitz, Maximilian Passmann und Rainer Schönfeld, die immer ein offenes Ohr für mich hatten und mir mit ihren Anregungen in scheinbar ausweglosen Situationen stets weitergeholfen haben. Danke an Karsten Hasselmann und Christian Helcig für gnuplottex und Octave. Zudem bin ich meinen Kommilitonen Zeppelin und Merlin für ihre entspannte Art zu arbeiten dankbar; mit ihnen kam niemals Stress auf. Den „Strömis" gilt mein Dank für die gemeinsamen unterhaltsamen Mittagessen. Mit euch hat das Arbeiten im Labor immer Spaß gemacht.

Abschließend möchte ich meiner Familie, insbesondere meiner Freundin Joana, meiner Tochter Merle, meinen Geschwistern, meinen Eltern Anne und Reinhard sowie Walter, Annegret und Bernd für ihre vielfältige Unterstützung danken. Ohne euch hätte ich das niemals geschafft.

Executive Summary

In order to improve the efficiency of axial-flow turbines, systematic flow measurements on a planar turbine cascade are carried out to examine the effect of passive tip-injection on downstream losses. Based on a common loss definition an automated test rig is designed to allow a time efficient experimental procedure by means of traverse five-hole probe measurements. The planar cascade includes six high-pressure turbine blades with a deflection angle of 68° that are examined regarding total pressure losses - under the condition of an upstream reynoldsnumber of $Re_1 = 5,8 \times 10^4$ based on the chord length of the blade. Two different tip-gap widths of one and 1.9 percent of the blade height are tested with and without passive tip-injection and are compared with the results of related projects. A closer look is taken at the flow condition upstream of the cascade under varied gap width by use of a miniature pitot-probe. The results show a linear rise in total pressure loss with increasing gap width from $4,7$ to $12,8$ percent. The total pressure loss decreases by $0,9$ percent from $12,8$ to $11,9$ percent, as the passive tip-injection is applied at maximum tip gap width.

Kurzfassung

Vor dem Hintergrund der Effizienzsteigerung von Axialturbinen wird in der vorliegenden Arbeit die Methode der passiven Einblasung anhand von systematischen Strömungsmessungen im Abströmfeld einer 2D-Schaufelkaskade mit Blick auf ihre Wirksamkeit untersucht. Ausgehend von einer allgemeinen Verlustdefinition wird ein automatisierter Prüfstand entworfen, der eine zeitlich optimierte Versuchsdurchführung mittels Traversierung und Fünflochsonde ermöglicht. Die verwendete Schaufelkaskade besteht aus Hochdruckturbinenprofilen mit einer Umlenkung von 68°, die bei einer auf die Schaufelsehnenlänge bezogenen Anströmreynoldszahl von $Re_1 = 5,8 \times 10^4$ hinsichtlich des Totaldruckverlustes untersucht werden. Im Zuge der Untersuchung werden zwei Spaltweiten von ein Prozent und $1,9$ Prozent der Schaufelhöhe mit und ohne Einblasung betrachtet und mit den Ergebnissen vorhergehender Arbeiten mit ähnlicher Fragestellung verglichen. Weiterhin werden die Anströmbedingungen bei variierender Spaltweite mit einer miniaturisierten Pitot-Sonde vermessen.

Das Ergebnis zeigt einen linearen Anstieg des Totaldruckverlustes mit wachsender Spaltweite von $4,7$ auf $12,8$ Prozent. Durch die passive Einblasung kann eine Reduktion der Verluste um $0,9$ Prozent von $12,8$ auf $11,9$ Prozent im Fall der größten Spaltweite erreicht werden.

Inhaltsverzeichnis

Abbildungsverzeichnis

Tabellenverzeichnis

Abkürzungsverzeichnis

2D zweidimensional

3D dreidimensional

CD Compact Disk

DMG Differenzdruckmessgerät

PMMA Polymethylmethacrylat

PTFE Polytetrafluoroethylene

PI Proportional-Integral

FH Fachhochschule

CFD *computational fluid dynamics*

Nomenklatur

Griechische Formelzeichen

$\Delta\alpha$	Gierwinkel	[°]
$\Delta\beta$	Nickwinkel	[°]
δ	Grenzschichtdicke	[mm]
κ	Isentropenexponent	[-]
ν	Kinematische Viskosität	[m²/s]
ω	Vortizität	[s⁻¹]
ρ	Dichte	[kg/m³]
τ	Spaltweite	[mm]
θ	Staffelungswinkel	[°]

Lateinische Formelzeichen

Δp	Differenzdruck	[Pa]
h	Spezifische Enthalpie	[J/kg]
s	Spezifische Entropie	[J/K kg]

A	Fläche	$[\text{mm}^2]$
a	Schaufeldicke	$[\text{mm}]$
b	Schaufelbreite	$[\text{mm}]$
C	Druckkoeffizient	$[\text{-}]$
c	Strömungsgeschwindigkeit	$[\text{m}/\text{s}]$
D	Durchmesser	$[\text{mm}]$
e	Einheitsvektor	$[\text{-}]$
H	Grenzschichtformfaktor	$[\text{-}]$
h	Schaufelhöhe	$[\text{mm}]$
I	Isotrope Turbulenzintesität	$[\text{-}]$
K	Kalibrierkoeffizient	$[\text{-}]$
m	Masse	$[\text{kg}]$
Ma	Machzahl	$[\text{-}]$
p	Absolutdruck	$[\text{Pa}]$
q	Spezifische Wärme	$[\text{J}/\text{kg}]$
R	Spezifische Gaskonstante	$[\text{J}/\text{kg K}]$
r	Radius	$[\text{mm}]$
Re	Reynoldszahl	$[\text{-}]$
S	Standardabweichung	$[\text{-}]$

s	Bitangentiale Schaufelsehnenlänge	[mm]
t	Schaufelteilung	[mm]
w	Spezifische Arbeit	[J/kg]
x, y, z	Kartesische Koordinaten	[mm]
Y	Totaldruckverlustkoeffizient	[-]
Z	Zweifel-Koeffizient	[-]

Subskripte

1	Anströmung, Bohrungsnummer der Fünflochsonde
2	Abströmung, Bohrungsnummer der Fünflochsonde
$3\ldots5$	Bohrungsnummern der Fünflochsonde
$\Delta\alpha$	Gierwinkel
$\Delta\beta$	Nickwinkel
∞	Ungestört, außerhalb des Grenzschichtbereichs
b	Bezogen
cl	*Centerline*=Mittelebene der Testsektion
E	Einblasung
i	Subscriptplatzhalter
id	Ideal
is	Isentrop

K Kalibrierfeld

max Maximal

P Primärströmungsrichtung

p Druck, Profil

r Referenz

s Statisch, Schall, Sonde

sek Sekundär

t Total

x, y, z In Richtung der gleichnamigen kartesischen Koordinate

Superskripte

$\cdot$ 1. Ableitung nach der Zeit

$-$ Massenstromgewogener Mittelwert

$\rightarrow$ Vektorielle Größe

$\frown$ Arithmetische Mittelwert

$\prime$ Keine Kalibrierdaten, Schwankungsgröße

$* * *$ Energieverlust

$* *$ Impulsverlust

$*$ Verdrängung

1. Einleitung

Die Turbomaschine ist als Energiewandler von erheblicher Bedeutung in der modernen Industriekultur. Ihr Einsatzgebiet reicht von Dampf- und Gasturbinen in Kraftwerken über Flugzeugantriebe bis zum Turbolader im Auto. Der wichtigste Parameter der meisten Turbomaschinen ist vermutlich ihre Effizienz. Diese liegt durch den bereits erreichten technischen Fortschritt in einem Bereich, der Verbesserungen erschwert. Dennoch sind weitere Steigerungen der Effizienz einer Turbomaschine möglich und angesichts von Rohstoffknappheit notwendig.

Eine wichtige Grundlage der weiteren Effizienzsteigerung ist das Verständnis der physikalischen Verlustmechanismen in Axialturbinen. Insbesondere die durch dreidimensionale und unstetige Strömungserscheinungen hervorgerufenen thermodynamischen Verluste an Energie müssen im Detail verstanden werden. Ein Teil der Verluste in einer Axialturbine entsteht durch den Spalt zwischen Schaufelkopf und Turbinengehäuse. Der dort zwischen Saug- und Druckseite entstehende Leckagestrom fließt an der Schaufel vorbei und wird so nicht in nutzbare Energie gewandelt. Die innerhalb des Spaltes und durch den Spaltwirbel hervorgerufenen Mischvorgänge führen ebenfalls zu energetischen Verlusten. Eine Möglichkeit, die so in einer Turbomaschine entstehenden Verluste zu verringern, stellt die von Willinger und Hamik präsentierte Methode der passiven Einblasung dar. Eine im Vergleich zur Schaufelsehnenlänge kleine Bohrung im Staupunkt der Schaufel leitet eine geringe Menge an Arbeitsfluid in den Spalt zwischen Schaufelkopf und Turbinengehäuse. Die daraus resultierende Einblasung von Fluid

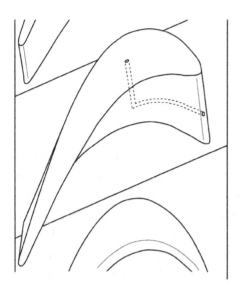

Abbildung 1.1.: Schematische Darstellung der passiven Einblasung an einer Rotorschaufel; *Quelle: Hamik und Willinger* [14]

in den Spalt führt zu einer Blockage des Leckagestroms und somit zu einer Verringerung der durch den Spaltwirbel hervorgerufenen energetischen Verluste.

Im Wesentlichen basiert die Strömungsanalyse von Turbomaschinen - neben den Methoden der *Computational Fluid Dynamics* (CFD) - auf der Vermessung und dem Verständnis der Strömung in Schaufelkaskaden, welche durch einen Windkanal angeströmt werden. Die Schaufelkaskade ermöglicht die Untersuchung eines vereinfachten Strömungsbildes entlang von Schaufelprofilen, das die grundlegenden Verlustmechanismen in Turbomaschinen widerspiegelt.

In dieser Arbeit soll ein mittels der Software LabVIEW automatisierter Versuchsstand aufgebaut werden, der die Untersuchung der Strömungsvorgänge entlang einer Schaufelkaskade zeiteffizient ermöglicht. Weiterhin sollen im Abströmfeld der Schaufelkaskade die entstandenen Gesamtverluste für verschiedene Spaltweiten gemessen und deren Verringerung durch die passive Einblasung mit Blick auf ihre Wirksamkeit untersucht werden. Ziel dieser Arbeit ist die Wirksamkeit der passiven Einblasung zunächst am vereinfachten Modell der Schaufelkaskade nachzuweisen. Fällt der Nachweis positiv aus, kann die Methode unter realistischeren Bedingungen weiter untersucht werden, um schlussendlich in Axialturbinen eingesetzt zu werden. Diese Arbeit dient somit als Grundlage für die weitere Entwickelung der passiven Einblasung hin zum Prototypen und zur Serienreife.

Im Unterschied zu den durch Hamik und Benoni [3, 13] im Rahmen ihrer Dissertation durchgeführten Arbeiten mit ähnlicher Zielsetzung wird hier ein Hochdruckturbinenschaufelprofil mit höherer Umlenkung untersucht. Der Verlauf der Einblasebohrung und ihre Lage auf dem Schaufelkopf wurden optimiert. Weiterhin liegt ein geringerer Reynoldszahlbereich in der Kaskadenanströmung vor. Mit Blick auf die durchgeführten Optimierungen an der Einblasebohrung, die unterschiedlichen Turbinenschaufelprofile, sowie die veränderten Versuchsbedingungen stellt sich erneut die Frage, ob durch die passive Einblasung ein positiver Effekt auf die Kaskadenverluste erzielt werden kann.

Der Aufbau der vorliegenden Arbeit gestaltet sich wie folgt: Ausgehend von der Definition des Verlustbegriffes wird zunächst der Aufbau des Versuchsstandes erläutert. Es wird näher auf den verwendeten Windkanal der FH-Münster eingegangen, sowie auf den Aufbau der Schaufelkaskade. Ebenfalls wird die Messtechnik im Detail erläutert. Anschließend erfolgt die Darstellung des Messablaufes und die Diskussion der erfassten Messwerte, welche in der Betrachtung des Gesamtverlustes enden. Zuletzt erfolgt die Zusammenfassung der Ergebnisse und ein Ausblick.

2. Verlustdefinition

Mit Blick auf das Ziel dieser Arbeit, die Auswirkung der passiven Einblasung auf die Verluste in einer 2D-Schaufelkaskade zu untersuchen, ist es notwendig zu klären, was als Verlust in einer 2D-Schaufelkaskade bezeichnet werden kann. Liegt diese Definition vor, ist ein Weg zu finden, wie die Größe des Verlustes gemessen werden kann und durch welche Phänomene der Verlust hervorgerufen wird. Sind die gesuchten Antworten gefunden, kann mit der eigentlichen Untersuchung der Verluste begonnen werden. Die Frage nach einem Verlust ist auch die Frage nach dem Zustand vor dem Verlust. Daher erscheint es sinnvoll, in Bezug auf die betrachtete Turbinenschaufelkaskade Grenzen zu definieren, die einen Vergleich der Strömungseigenschaften vor und hinter der Kaskade ermöglichen. Innerhalb dieser Grenzen liegt das in Abbildung 2.1 auf der nächsten Seite dargestellte Kontrollvolumen, das hier den Bereich zwischen zwei Turbinenschaufelprofilen der Kaskade umfasst. Die auf die Schaufelkaskade treffende Strömung fließt durch die Fläche A_1 in das Kontrollvolumen, bewegt sich in Richtung des eingezeichneten Pfeiles durch den Kanal zwischen den zwei Schaufelprofilen und verlässt das Kontrollvolumen durch die Fläche A_2. Ein Vergleich der Zustände der Kaskadenanströmung (1) und der Kaskadenabströmung (2) kann nun Aufschluss über den entstandenen Verlust geben. Am besten lassen sich die thermodynamischen Zusammenhänge der Kaskadenströmung an dem in Abbildung 2.2 auf Seite 7 dargestellten Enthalpie-Entropie Diagramm erläutern. Aufgetragen ist die spezifische Enthalpie h gegen die spezifische Entropie s. In der Kaskadenanströmung (1) liegt im Punkt T1 die Totalenthalpie h_{t1} an. Sie ist

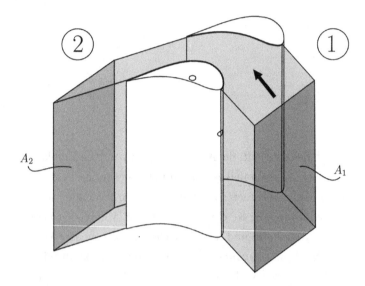

Abbildung 2.1.: Kontrollvolumen

unter Vernachlässigung der potentiellen Energie definiert als Summe der kinetischen Energie des Fluides $c_1^2/2$ und der Enthalpie h_{s1} im Punkt S1 [16]:

$$h_{t1} = h_{s1} + \frac{c_1^2}{2} \tag{2.1}$$

Die Definition der Totalenthalpie der Abströmung h_{t2} ergibt sich analog zu:

$$h_{t2} = h_{s2} + \frac{c_2^2}{2} \tag{2.2}$$

Auf der Basis der Totalenthalpien lässt sich der erste Hauptsatz der Thermodynamik für das Kontrollvolumen wie folgt definieren [16]:

$$h_{t1} + q = h_{t2} + w \tag{2.3}$$

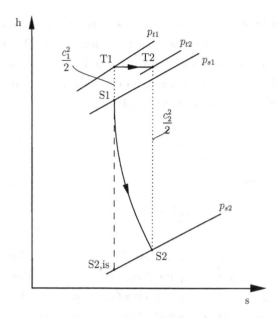

Abbildung 2.2.: Enthalpie-Entropie-Diagramm einer Turbinenschaufelkaskade;
Quelle: In Anlehnung an Denton [4]

Die Größe q ist die spezifische Wärmemenge, die dem Kontrollvolumen zwischen An- und Abströmung zugeführt wird. Für die zwischen An- und Abströmung der Kaskade geleistete spezifische Arbeit steht w. In diesem Fall wird keine Arbeit geleistet und die Strömung über die Kaskade kann als adiabat betrachtet werden. Es folgt die im Diagramm dargestellte konstante spezifische Totalenthalpie von T1 nach T2:

$$h_{t1} = h_{t2} \qquad (2.4)$$

Im Gegensatz zur spezifischen Totalenthalpie nimmt die spezifische Enthalpie h_{s1} im Punkt S1 auf dem Weg entlang der Kaskade zum Punkt S2 auf h_{s2} ab. Daraus resultiert ein Anstieg der kinetischen Energie des Fluides.

Weitere Größen zur Beschreibung der Kaskadenanströmung sind der statische Druck p_{s1} im Punkt S1 und der Totaldruck p_{t1} im Punkt T1. Sie liegen auf einer Linie konstanter spezifischer Entropie s und sind im inkompressiblen Fall und unter der Vernachlässigung der potentiellen Energie über den folgenden Zusammenhang miteinander verknüpft:

$$p_{t1} = p_{s1} + \frac{c_1^2}{2} \qquad (2.5)$$

Für die Abströmung folgt analog:

$$p_{t2} = p_{s2} + \frac{c_2^2}{2} \qquad (2.6)$$

Wie im Diagramm zu erkennen ist, fällt der statische Druck während der Umströmung der Schaufelkaskade von p_{s1} im Punkt S1 auf p_{s2} im Punkt S2 ab. Der Totaldruck fällt von T1 nach T2 ebenfalls, jedoch in einem geringeren Maße als der statische Druck. Somit wird auch durch die Druckverhältnisse die Beschleunigung der Strömung entlang der Schaufelprofile deutlich.

Während der Beschleunigung der Strömung kommt es vom Punkt S1 zum Punkt S2 zu einem Anstieg der spezifischen Entropie. Ausgehend vom zweiten Hauptsatz der Thermodynamik steigt die Entropie durch das Zuführen von Wärme oder viskoser Reibung innerhalb des Fluides. Da der Fall der Kaskadenströmung annähernd adiabat ist, kann die steigende Entropie demnach auf viskose Reibung im Fluid zurückgeführt werden. Der Energieanteil, der in Entropie gewandelt wird, kann nicht weiter genutzt werden und geht somit verloren. Daher ist die spezifische Entropie ein sinnvolles Maß für den Verlust innerhalb des Kontrollvolumens [4].

Da der Verlust der Kaskade eindeutig durch den Anstieg der Entropie definiert ist, stellt sich die Frage nach dessen Messbarkeit. Die Entropieproduktion durch die Kaskade kann nicht direkt gemessen werden. Eine indirekte Erfassung des Verlustes kann nach Denton und Korpela jedoch durch den Totaldruck erfolgen, der durch geeignete Sonden erfasst werden kann. Der Zusammenhang zwischen Totaldruck und Entropie wird für den adiabaten Fall der Schaufelkaskade durch Denton wie folgt formuliert:

$$\Delta s = -R \ln \left(\frac{p_{t2}}{p_{t1}} \right) \tag{2.7}$$

Ein Totaldruckverlust der Kaskadenabströmung gegenüber der Kaskadenanströmung führt demnach zu einem Anstieg der Entropie. Dieser Zusammenhang geht auch aus dem Enthalpie-Entropie-Diagramm hervor, das eine Entropiezunahme bei gleichzeitigem Totaldruckverlust zeigt[4, 16].

Eine Darstellung des Verlustes kann durch verschiedene Koeffizienten erfolgen, über die sowohl Horlock als auch Denton eine Übersicht geben [4, 15]. Für die 2D-Schaufelkaskade bietet sich aufgrund der einfachen Berechnung der Totaldruckverlustkoeffizient Y an. Für eine Turbinenschaufel ist der Totaldruckverlustkoeffizient Y nach Horlock wie folgt definiert:

$$Y = \frac{p_{t1} - p_{t2}}{p_{t2} - p_{s2}} \tag{2.8}$$

Er bezieht den Totaldruckverlust der Kaskadenabströmung gegenüber der Kaskadenanströmung auf den Abströmzustand der Kaskade. Laut Horlock ist Y abhängig von den folgenden Größen[15]:

- Reynoldszahl

- Anströmwinkel

- Schaufelgeometrie

- Anströmgrenzschicht

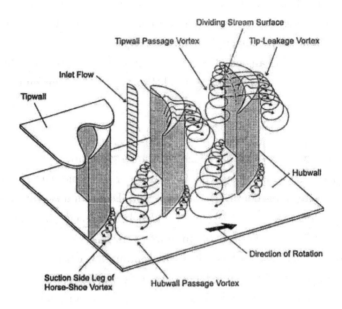

Abbildung 2.3.: Wirbelmodel einer Schaufelkaskade; *Quelle: Sjolander* [26]

- Turbulenzintensität

- Abströmmachzahl

Nach Klärung der Verlustdefinition und dessen Messbarkeit stellt sich die Frage nach den Ursachen des Verlustes. Nach Denton werden diese durch viskose Reibung innerhalb des Fluides hervorgerufen. Diese entsteht in den Grenzschichten zwischen Fluid und Schaufel sowie in den Grenzschichten zwischen dem Fluid und den Gehäusewänden der Kaskade. Ein weiterer Grund für den Entropieanstieg sind Wirbelstrukturen, die ebenfalls viskose Reibung innerhalb des Fluids hervorrufen. Die in einer Schaufelkaskade auftretenden Wirbelstrukturen sind in Abbildung 2.3 dargestellt. Auf der

Seite ohne Spalt entsteht der Passagenwirbel (*passage vortex*) gemeinsam mit dem Hufeisenwirbel (*horse-shoe vortex*) an der Schaufelvorderkante. Der größere Passagenwirbel dehnt sich durch die Druckdifferenz zwischen der Saug- und Druckseite aus und drängt den kleineren saugseitigen Hufeisenwirbel an die Nachbarschaufel. Auf der Spaltseite entsteht neben dem Passagenwirbel der Spaltwirbel (*tip-leackage vortex*). Er entsteht durch den Leckagestrom über den Schaufelkopf, der durch die Druckdifferenz zwischen Saug- und Druckseite der Schaufel angetrieben wird. Informationen bezüglich der Spaltströmung findet man bei Moore und Tilton [21], Dishart and Moore [5], Denton [4] sowie Yaras und Sjolander [36], die diese detailliert vermessen haben. Im Zentrum dieser Arbeit steht vor allen Dingen der Spaltwirbel und die Frage, ob die durch ihn hervorgerufenen Verluste durch die passive Einblasung verringert werden können.

Ainley und Mathieson unterteilen den Totaldruckverlust einer Schaufelkaskade aufgrund seiner Ursache in vier einzelne Komponenten [1]:

1. Der *profile loss* umfasst den Druckverlust, der durch die Grenzschicht auf der Schaufeloberfläche und eventuelle Strömungsablösungen bei einer gleichförmigen 2D Strömung entlang einer Schaufelkaskade entsteht.

2. Der *secondary loss* wird hervorgerufen durch die Interaktion zwischen den Schaufelenden und der Grenzschicht an der Kaskadenwand.

3. Der *tip clearance loss* entsteht durch Leckage in der Nähe von Deckbändern.

4. Der *annulus loss* resultiert aus der Grenzschicht der Kaskadenwände.

Nach Denton macht diese Unterteilung jedoch wenig Sinn, da die einzelnen Verlustkomponenten selten voneinander unabhängig sind.

Der Verlust in einer Schaufelkaskade entspricht der bei ihrer Umströmung im Fluid entstehenden Entropie. Entropie ist nicht direkt messbar, dennoch ist eine indirekte, messtechnische Erfassung des Verlustes über den Totaldruck möglich. Die Auswertung erfolgt aufgrund der einfachen Kalkulation mittels des Totaldruckverlustkoeffizintens Y, der bei Bedarf nach Horlock in andere Verlustkoeffizienten umgerechnet werden kann. Ursache des Verlustes bezogen auf den vorliegenden Fall ist viskose Reibung innerhalb des Fluids. Sie entsteht sowohl in Grenzschichten als auch in Wirbeln. Zentrale Wirbelsysteme sind der Passagenwirbel, der Hufeisenwirbel und der Spaltwirbel. In der klassischen Theorie wird der Gesamtverlust nach seiner Ursache aufgeteilt. Diese Aufteilung ist aufgrund der nicht gegebenen Unabhängigkeit der einzelnen Größen jedoch nicht immer sinnvoll. Eine messtechnische Erfassung der Kaskadenverluste und der Untersuchung des Einflusses der passiven Einblasung ist auf der Basis der hier geschaffenen Grundlage möglich. Im folgenden Kapitel wird der verwendete Versuchsstand näher erläutert.

3. Versuchsstand

Der für die Vermessung der Kaskadenströmung verwendete Versuchstand ist in Abbildung 3.1 dargestellt. Ein Foto befindet sich in Abbildung C.2 auf Seite 144 im Anhang. Die an den Windkanal anschließende dargestellte Testsektion beinhaltet die Schaufelkaskade. An ihr werden die im Rahmen dieser Arbeit durchzuführenden Messungen vorgenommen. Die neben dem Windkanal positionierte Traverse ermöglicht das automatisierte Verfahren der zur Messung verwendeten Drucksonden im An- und Abströmbereich der Testsektion. Vom Arbeitstisch aus lässt sich der Versuchsstand mittels eines Computers steuern.

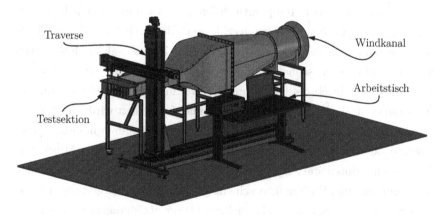

Abbildung 3.1.: Aufbau des Versuchsstandes

Im folgenden Abschnitt werden die Eigenschaften des Windkanals und der Testsektion mit Schaufelkaskade näher erläutert. Weiterhin wird ausgehend von der hier vorgenommenen groben Einteilung des Versuchsstandes die verwendete Messeinrichtung im Detail beschrieben. Sie umfasst sämtliche Sensoren, Aktoren und Steuer- und Regeleinheiten, die verwendet werden. Es wird mit der Beschreibung der Eigenschaften des Windkanals begonnen.

3.1. Windkanal

Der verwendete Windkanal der Fachhochschule Münster wurde von Wagner [30, 31] modular entworfen und kann sowohl im geschlossenen als auch im offenen Zustand kontinuierlich betrieben werden. Im Rahmen dieser Arbeit wird der Windkanal in seiner offenen Variante betrieben. Der Aufbau ist in Abbildung 3.2 auf der nächsten Seite dargestellt.

Als Betriebsfluid dient Luft. Sie wird durch den Axialventilator aus dem Labor angesaugt und in Richtung der Testsektion transportiert. Störende Einflüsse, die durch die Ansaugung der Luft aus der freien Atmosphäre entstehen - wie etwa Temperaturdifferenzen der angesaugten Luft oder Windeinflüsse - werden somit ausgeschlossen. Die durch den Axialventilator erzeugte Strömung ist stark turbulenzbehaftet. Zum Ausgleich dieser ungewollten Turbulenzen schließt die Ausgleichstrecke an den Axialventilator an. Hier findet durch die Querschnittsaufweitung eine erste Strömungsberuhigung statt, die in der Beruhigungskammer fortgesetzt wird. Durch einen Strömungsgleichrichter und zwei in der Beruhigungskammer montierte Turbulenzsiebe erfolgt eine Strömungshomogenisierung, sowie eine Minderung der Turbulenzintensität. Die Querschnittsverringerung der anschließenden Düse führt zu einer Strömungsbeschleunigung bei möglichst geringen Druckverlusten und ermöglicht das Erreichen höherer Strömungsgeschwindigkeiten. Es folgt ein Zwischenstück konstanten Querschnittes mit einer Länge

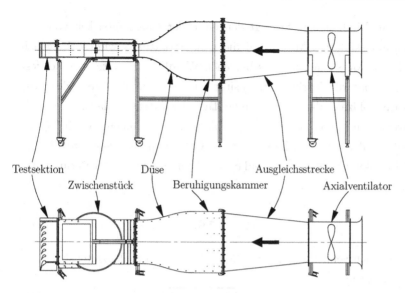

Abbildung 3.2.: Aufbau des Windkanals

von 920 mm. Dieses soll das Grenzschichtprofil der Testsektion dem typischen Grenzschichtprofil einer Axialturbine annähern. Anschließend folgt die Testsektion inklusive der Schaufelkaskade, durch die der Windkanal die Luft frei in das Labor ausbläst.

Der Axialventilator hat eine Nennleistung von 3 kW und eine maximal zulässige Drehzahl von $3000\,\mathrm{min}^{-1}$. Die erreichbare Strömungsgeschwindigkeit liegt im geschlossenen Zustand und ohne Testsektion bei $40\,\mathrm{m/s}$. Das entspricht einer maximal erreichbaren Machzahl von $Ma \approx 0,12$. Da $Ma \leq 0,3$ ist, kann die Strömung des Windkanals als inkompressibel betrachtet werden. Ist die Testsektion montiert, fällt die Strömungsgeschwindigkeit vor der Schaufelkaskade auf etwa $13\,\mathrm{m/s}$.

Die Turbulenzintensität I, also die relative dreidimensionale Schwankungsbreite der Strömungsgeschwindigkeit c, ist ein wichtiger Parameter bei Messungen in Windkanälen. Sie legt den Grad der Übertragbarkeit von Messungen am skalierten Modell auf die reale Struktur, sowie die Vergleichbarkeit von Messungen an verschiedenen Windkanälen untereinander fest. Weiterhin hat die Turbulenzintensität Einfluss auf die Größe der kritischen Reynoldzahl, die mit steigender Turbulenzintensität fällt. Somit wird die Transition der Grenzschicht von laminar zu turbulent bei geringeren Reynoldszahlen als zuvor hervorgerufen. Geht man von identischen mittleren Schwankungsgrößen $\widehat{c'_x}, \widehat{c'_y}$ und $\widehat{c'_z}$ der Strömung hinter der Beruhigungskammer des Windkanals aus,

$$\widehat{c'_x} = \widehat{c'_y} = \widehat{c'_z} \tag{3.1}$$

lässt sich nach Schlichting [25, S.572] die isotrope Turbulenzintensität I wie folgt definieren:

$$I = \frac{\sqrt{1/3 \left(\overline{c'^2_x} + \overline{c'^2_y} + \overline{c'^2_z} \right)}}{c_\infty} \tag{3.2}$$

Hierbei entspricht c_∞ der ungestörten Strömungsgeschwindigkeit des Kanals. Für den offenen Windkanal wird durch Reinker die Turbulenzintensität in der Anströmung der Testsektion mithilfe der Laser-Doppler-Anemometrie zu $I \approx 1,3\,\%$ bestimmt. Die Messwerte befinden sich auf der beiliegenden CD. Im Folgenden wird auf den Aufbau der Testsektion und den der Schaufelkaskade näher eingegangen.

3.2. Testsektion und Schaufelkaskade

Nach der Beschreibung des Windkanals folgt ein Blick auf den Aufbau der Testsektion sowie den der Schaufelkaskade. Die zur Messung verwendete Testsektion wurde von Göhrs im Rahmen einer Bachelorarbeit konstruiert und ist in Abbildung 3.3 dargestellt. Ein Foto befindet sich im Anhang in Abbildung C.6 auf Seite 146.

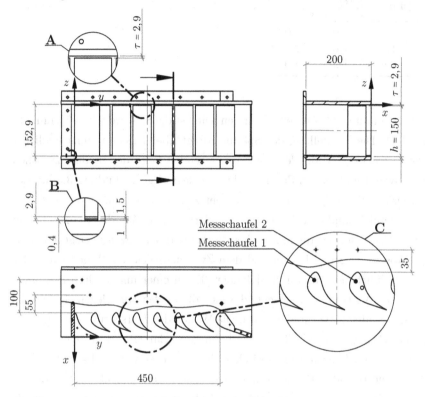

Abbildung 3.3.: Testsektion mit Schaufelprofilen

Das kartesische Koordinatensystem der Testsektion wird, wie in Abbildung 3.3 dargestellt, in der oberen linken Ecke platziert. Die Schaufelhöhe beträgt $h = 150\,\text{mm}$. Die Abmessungen des Strömungsquerschnittes der Testsektion betragen 450 mm in der Breite und 150 mm, 151,5 mm und 152,9 mm in der Höhe. Die Höhe der Testsektion ist abhängig von der gewählten Spaltweite τ.

Tabelle 3.1.: Spaltweiten τ

$\tau\,[\text{mm}]$	$\dfrac{\tau}{h}\,[\%]$	$\dfrac{\tau}{s}\,[\%]$
0	0	0
1,5	1,0	2,0
2,9	1,9	4,0

In Abbildung 3.3 auf der vorherigen Seite ist die Spaltweite $\tau = 2{,}9\,\text{mm}$ abgebildet. Die Einstellung des Spaltes erfolgt über Bleche unterschiedlicher Dicke. Sie werden auf der gegenüberliegenden Seite des Spaltes zwischen Seitenwand und Boden der Testsektion gelegt (Vgl. Abbildung 3.3 auf der vorherigen Seite, Detail B). So entsteht zwischen den am Boden befestigten Schaufeln und dem Deckel ein definierter Spalt. Werden die Bleche auf der Fußseite der Schaufeln zwischen Deckel und Seitenwand gelegt, entsteht ein Absatz zwischen Deckel und dem Zwischenstück des Windkanals. Der Absatz führt bei Yaras und Sjolander [35] zu einer ungewollten Beeinflussung der Anströmgrenzschicht, die hier durch das Unterlegen der Bleche auf der Spaltseite verhindert wird. Die Wände der Testsektion sind aus dem durchsichtigen Kunststoff Polymethylmethacrylat (PMMA) gefertigt, der eine Zugänglichkeit mittels optischer Messverfahren wie der Laser-Doppler-Anemometrie oder Particle-Image-Velocimetry ermöglicht. Auf dem Deckel der Testsektion sind verschiedene Bohrungen erkennbar. Sie dienen als Durchgang für die zur Vermessung der Anströmung verwendeten pneumatischen Sonden und Temperaturmessfühler. Da zum Einstellen der Spaltweite nur der Boden der Testsektion demontiert werden muss, bleibt die Position der Messsonden und des Thermoelements unbeeinflusst vom Umbauvorgang. Die folgenden Messungen werden an den Messschaufeln 1 und 2 durchgeführt, für die nach Göhrs [11] eine annähernd periodische Strömung vorliegt.

Die Testsektion umfasst eine 2D-Schaufelkaskade, bestehend aus sechs Schaufelprofilen mit konstantem Querschnitt entlang der Schaufelhöhe. Sie sind vorgesehen zur Nutzung in einer Turbinenstufe mit 50 % Reaktionsgrad. Die zur weiteren Charakterisierung der Kaskade genutzten Größen werden in Abbildung 3.4 gezeigt.

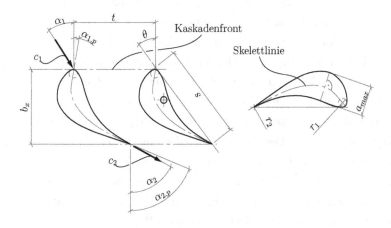

Schaufelanzahl	6 Stk
Teilung	$t = 64{,}3\,\text{mm}$
bitangentiale Sehnenlänge	$s = 72{,}5\,\text{mm}$
	$\frac{t}{s} = 0{,}887$
axiale Schaufelbreite	$b_x = 56\,\text{mm}$
maximale Schaufeldicke	$a_{max} = 22{,}5\,\text{mm}$
	$\frac{a_{max}}{s} = 0{,}31$
Schaufelhöhe	$h = 150\,\text{mm}$
Schaufeleintrittswinkel	$\alpha_{1,p} = 10°$
Schaufelaustrittswinkel	$\alpha_{2,p} = 68°$
Staffellungswinkel	$\theta = 37{,}5°$
Kaskadenanströmwinkel	$\alpha_1 = 0°$

Abbildung 3.4.: Kenngrößen der Schaufelkaskade

Die Schaufelgeometrie basiert auf einer vorliegenden Turbinenschaufel, die vermessen wurde. Der Verlauf der Skelettlinie wird unter der Annahme einer symmetrischen Dickenverteilung nachträglich in die Profilgeometrie konstruiert. Alle folgenden Winkelangaben beziehen sich auf die Referenzrichtung, die einer Linie senkrecht zur Kaskadenfront entspricht. Die auf der Skelettlinie basierenden Schaufelwinkel betragen an der Schaufelspitze $\alpha_{1,p} = 10°$ und an der Schaufelhinterkante $\alpha_{2,p} = 68°$. Die bitangentiale Sehnenlänge der Schaufeln beträgt $s = 72{,}5\,\text{mm}$. Die axiale Schaufelbreite in Richtung der x-Achse beträgt $b_x = 56\,\text{mm}$ und die Schaufelteilung beträgt $t = 64{,}3\,\text{mm}$. Daraus folgt für das Verhältnis von Schaufelsehnenlänge s zu Schaufelteilung t ein Wert von $t/s = 0{,}887$. Der durch die Schaufelsehne s und die Referenzrichtung eingeschlossene Winkel θ beträgt 37,5°. Der Winkel der Anströmgeschwindigkeit c_1 ist konstruktiv auf $\alpha_1 = 0°$ festgelegt und kann nicht variiert werden. Der Abströmwinkel α_2 der Geschwindigkeit c_2 variiert mit Schaufelhöhe h und Spaltweite τ und wird im weiteren Verlauf der Arbeit vermessen. Die maximale Schaufeldicke nimmt einen Wert von $a_{max} = 22{,}5\,\text{mm}$ an. Somit ergibt sich für das Verhätnis von maximaler Schaufeldicke a_{max} zur Schaufelsehnenlänge ein Wert von $a_{max}/s = 0{,}31$. Der Radius an der Schaufelspitze beträgt $r_1 = 3{,}25\,\text{mm}$, der an der Schaufelhinterkante $r_2 = 0{,}1\,\text{mm}$. Der zur Auslegung der Kaskade verwendete Zweifel-Koeffizient Z wird hier wie folgt berechnet[6, 16]:

$$Z = \frac{2 \cdot t}{b_x} \cos^2 \alpha_{2,p} (\tan \alpha_1 + \tan \alpha_{2,p}) = 0{,}798 \qquad (3.3)$$

Die Schaufelprofile werden durch den 3D-Drucker der Fachhochschule Münster namens *Objet30 Pro* der Firma *Stratasys* gefertigt. Das Material ist ein Photopolymer der Firma *Stratasys* mit der Herstellerbezeichnung *Vero-Grey*. Das Schaufelprofil wird aufgrund der begrenzten Fertigungshöhe des Druckers in zwei Teilen gefertigt und anschließend verklebt. Die Befestigung der Schaufeln am Boden der Testsektion erfolgt über Schrauben. Hierzu wird in den Fuss des gedruckten Schaufelprofils ein Gewindeeinsatz des Typs *Multisert* der Firma *KVT-Fastening* eingepresst, der auch häufigen Umbauten standhält [22].

Eine Nachbehandlung der Schaufeloberfläche durch Schleifen führt zu einer hydraulisch glatten Oberfläche, womit ein Einfluss der Schaufeloberfläche auf die durchgeführten Messungen auszuschließen ist [11]. Um einen definierten Spalt zu erzeugen, werden die Schaufeln in ihrer Höhe ebenfalls durch nachträgliches Schleifen an die Testsektion angepasst. Abbildung C.7 auf Seite 147 zeigt ein Foto des Arbeitsplatzes zur Schaufelbearbeitung. Die Körperkanten zwischen den Kopf- und Seitenflächen des Profils werden nach der Höhenanpassung nicht gebrochen. Der während des Schleifens entstehende Grat ist mit dem Auge nicht erkennbar und mit den Fingern nicht zu fühlen. Es wird daher von einer idealen, scharfen Körperkante ausgegangen. Inklusive der Toleranz der Blechdicke und anderen auftretenden Fertigungsungenauigkeiten kann die Spaltweite τ mit einer maximalen Abweichung von 0,2 mm eingestellt werden. Näheres zur Schaufelprofilfertigung und Nachbehandlung lässt sich in den Arbeiten von Goehrs und anderen nachlesen [11, 29]. Die kennzeichnenden Parameter der Testsektion und der Schaufelkaskade sind in Abbildung 3.4 auf Seite 19 zusammengefasst. Messschaufel 2 in Abbildung 3.3 auf Seite 17 ist mit einer passiven Einblasung ausgestattet. Der Bohrungsverlauf der passiven Einblasung wurde von Göhrs übernommen und ist in Abbildung 3.5 auf der nächsten Seite dargestellt. Detaillierte Informationen bezüglich des Bohrungsverlaufes können dem 3D-Modell auf der CD entnommen werden.

Die Bohrungsöffnung im Staupunkt des Schaufelprofils hat einen Abstand zum Schaufelkopf von 45 mm. Sie liegt somit außerhalb der zu erwartenden Grenzschicht der auf die Kaskade treffenden Kanalströmung. Die spaltseitige Bohrungsöffnung wird so auf dem Schaufelkopf platziert, dass die größt-

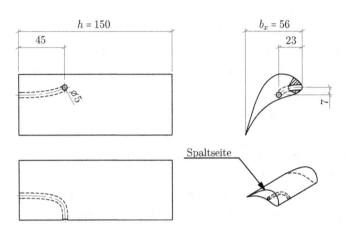

Abbildung 3.5.: Schaufelprofil der Kaskade mit passiver Einblasung

mögliche Auswirkung auf die Spaltströmung und den Gesamtdruckverlust zu erwarten ist. Es wird davon ausgegangen, dass die hier gewählte Position nah an der Schaufeldruckseite übereinstimmt mit der Lage der Vena Contracta der Spaltströmung. In ihr herrscht ein wesentlich geringerer statischer Druck als im Staupunkt des Schaufelprofils. In Richtung der axialen Schaufelbreite b_x hat die Bohrungsöffnung auf dem Schaufelkopf einen Abstand von 23 mm von der Schaufelvorderkante und liegt im Bereich der maximalen Druckdifferenz zwischen Saug- und Druckseite. Die Bohrung innerhalb der Schaufel verläuft entlang eines *spline*, der eine kontinuierliche Verbindung der zwei Bohrungsöffnungen schafft und somit Druckverluste innerhalb der Bohrung gegenüber einem abgewinkelten Verlauf verringert. Die gewählte Position der Bohrungsöffnung sollte demnach die Wirkung der passiven Einblasung unterstützen und einen Nachweis ihrer Wirksamkeit ermöglichen.[11, 21].

3.3. Messeinrichtung

Die Messeinrichtung umfasst die verwendeten Sonden, Sensoren und Aktoren, sowie Steuer und Regeleinheiten, die zur Vermessung der Kaskadenströmung erforderlich sind. Neben dem Erfassen der reinen Messgrößen und
der Sondenpositionierung erfolgt über sie auch die Geschwindigkeitsregelung des Windkanals. Die einzelnen Komponenten und deren Verschaltung
sind in Abbildung 3.6 auf der nächsten Seite dargestellt. Vereinfacht lässt
sich der Versuchsstand in die drei großen Gruppen *Testsektion, Traverse*
und *Arbeitstisch* unterteilen. Den Gruppen können die einzelnen Elemente
der Messeinrichtung durch ihre Position zugeordnet werden. Im Folgenden
werden die einzelnen Elemente der Messeinrichtung und deren Verschaltung näher erläutert. Hierbei wird mit der Signalerfassung, also den Sonden,
Sensoren und Datenerfassungsmodulen, begonnen. Anschließend erfolgt die
Betrachtung der verwendeten Aktoren, sowie der Ausgabe-, Steuer- und
Regeleinheiten.

An der Testsektion des Windkanals sind ein Thermoelement des Typs T,
eine Prandtlsonde und das Differenzdruckmessgerät 1 (DMG1) ortsfest positioniert. Die Prandtlsonde erfasst den statischen Referenzdruck $p_{s1,r}$ und
den Referenztotaldruck $p_{t1,r}$ in der Kaskadenanströmung, die der Geschwindigkeitsregelung des Windkanals dienen. Weiterhin dienen sie als Referen-
zen, die eine Vergleichbarkeit der Messreihen von Kaskadenanströmung und
-abströmung ermöglichen. Ihr Sondenkopfdurchmesser beträgt 3 mm. Der
Abstand des Sondenkopfes zum Sondenschaft beträgt 48 mm. Der Messpunkt des statischen Druckes $p_{s1,r}$ liegt 15 mm hinter dem Sondenkopf. Die
verwendete Prandtlsonde ist in Abbildung C.5 auf Seite 145 im Anhang
abgebildet.

Die an der Prandtlsonde anliegenden Drücke $p_{s1,r}$ und $p_{t1,r}$ werden über
zwei Schläuche an die an der Traverse montierte Ventilinsel weitergeleitet.

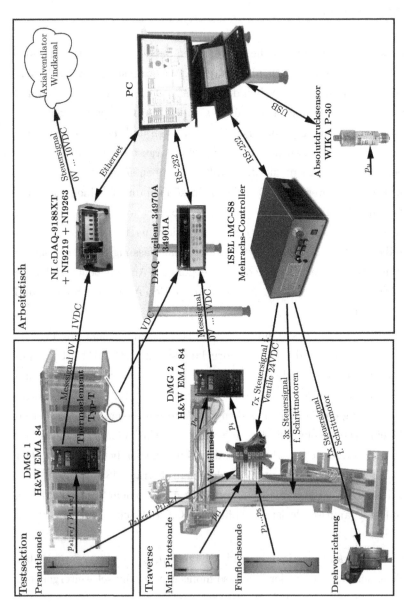

Abbildung 3.6.: Aufbau der Messeinrichtung

Die Schläuche sind vom Typ *Tygon S3 E-3603* und haben einem Innendurchmesser von 0,8 mm und einen Aussendurchmesser von 2,4 mm. PTFE-Schläuche (DN6) stellen über zwei T-Adapterstücke eine Verbindung zum DMG1 des Typs *EMA84* der Firma *Halstrup & Walcher* her. Der Messbereich des DMG1 beträgt 0 kPa bis 1 kPa und kann mit einer relativen Abweichung von 0,2 % bezogen auf den Messbereich aufgelöst werden. Das DMG1 ermittelt aus den Drücken $p_{s1,r}$ und $p_{t1,r}$ den Differenzdruck $\Delta p_{d1,r}$, der wie folgt definiert ist:

$$\Delta p_{d1,r} = p_{t1,r} - p_{s1,r} \qquad (3.4)$$

Das DMG1 gibt eine zu $\Delta p_{d1,r}$ proportionale Gleichspannung von 0 V bis 1 V aus. Die Aktualisierungsfrequenz der analogen Ausgangsspannung des *EMA84* ist einstellbar und beträgt maximal 50 Hz. Die Ausgabe erfolgt über ein Koaxialkabel. Die Digitalisierung der durch das DMG1 ausgegebenen Spannung erfolgt durch die Datenerfassungsplattform *cDAQ* der Firma *National Instruments*, sowie durch die Messkarte *NI9219*. Die maximale relative Abweichung von *cDAQ* in Kombination mit der Messkarte *NI9219* beträgt 0,1 % der gemessenen Spannung bei einem Messbereich von 1 V. Die Abtastung erfolgt mit einer Tiefe von 16 bit und einer durch das DMG1 begrenzten Frequenz von 50 Hz. Die Verbindung mit dem PC erfolgt über eine Ethernet Schnittstelle.

Das Thermoelement des Typs T dient zur Messung der Anströmtemperatur T_1, die zur Bestimmung der Luftdichte innerhalb der Kaskade verwendet wird. Die vom Thermoelement ausgegebene Thermospannung wird durch das *Agilent 34970A* in Kombination mit dem Multiplexer *Agilent 34901A* erfasst und direkt in eine Temperaturangabe mit der Einheit Kelvin umgewandelt. Die Digitalisierung erfolgt mit einer Tiefe von 20 bit. Die Temperatur T_1 in der Kaskadenanströmung wird durch das Thermoelement und das Agilent mit einer maximalen Abweichung von 1 K erfasst. Das *Agilent 34970A* wird über eine RS-232 Schnittstelle mit dem PC verbunden.

Die zur detaillierten Vermessung des Totaldruckes in der Kaskadenanströmung p_{t1} verwendete miniaturisierte Pitotsonde ist an der Traverse montiert. Die Traverse ermöglicht die Bewegung der Sonde relativ zur Testsektion und somit die Vermessung der Druckprofile der Anströmgrenzschicht an unterschiedlichen Positionen vor der Kaskade. Die Sonde hat einen Kopfdurchmesser von 0,8 mm. Der Sondenschaft hat eine Länge von 120 mm und der Abstand von Sondenkopf zum Sondenschaft beträgt 64 mm. Der gebogene Verlauf des Sondenkopfes ermöglicht Messungen von p_{t1}, bis Kontakt zwischen Sondenkopf und Deckel der Testsektion vorliegt. Die Pitotsonde ist in Abbildung C.4 auf Seite 145 im Anhang zu sehen. Der an der Pitotsonde anliegende Druck p_{t1} wird durch Schläuche des Typs *Tygon S3 E-3603* an die Ventilinsel weitergeleitet.

Die ebenfalls an der Traverse montierte Fünflochsonde dient zur Vermessung des Abströmfeldes der Kaskade. Durch sie werden die fünf Drücke p_1 bis p_5 erfasst und über Schläuche des Typs *Tygon S3 E-3603*, der ebenfalls bei der Pitot- und Prandtlsonde zum Einsatz kommt, an die Ventilinsel weitergeleitet. Über die Drücke p_1 bis p_5 kann auf den statischen Druck in der Abströmung p_{s2}, den Totaldruck in der Abströmung p_{t2} und die Strömungsrichtung geschlossen werden. Die allgemeine Anwendung und der Aufbau der Fünflochsonde wird in Abschnitt 3.4 auf Seite 31 näher erläutert.

Durch die Ventilinsel kann nun einer der Sondendrücke p_i auf das DMG2 geschaltet werden, welches den Differenzdruck Δp_i zwischen dem durchgeschalteten Sondendruck p_i und dem im Labor vorherrschenden Umgebungsdruck p_u ermittelt. Der Differenzdruck Δp_i ist wie folgt definiert:

$$\Delta p_i = p_i - p_u \qquad (3.5)$$

Das DMG2 ist vom gleichen Typ und Fabrikat wie das bereits beschriebene DMG1. Es gibt ein zum Druck Δp_i analoges Gleichspannungssignal im Bereich von 0 V bis 1 V aus. Das Gleichspannungssignal wird über ein Koaxialkabel von dem auf der Traverse angebrachten DMG2 weitergeleitet an das *Agilent 34790A*. Das *Agilent 34790A* digitalisiert das Signal mit einer relativen Abweichung von 0,004 % bezogen auf den Messwert, einer Tiefe von 20 bit und einer durch das DMG2 begrenzten Abtastfrequenz von 50 Hz.

Da sämtliche Drücke relativ zum im Labor vorherrschenden Umgebungsdruck p_u erfasst werden, ist es notwendig, diesen ebenfalls zu messen. Dies geschieht durch den Absolutdrucksensor *WIKA P-30*, der auf dem Arbeitstisch platziert ist. Sein Messbereich reicht von 80 kPa bis 120 kPa und die relative Messabweichung liegt bei 0,1 % des Messbereichs. Der *WIKA P-30* besitzt einen integrierten Temperatursensor, der zur Temperaturkompensation eingesetzt wird und die Umgebungstemperatur im Labor T_u misst. Die Anbindung an den PC erfolgt über USB.

Die Druckerfassung relativ zum Umgebungsdruck p_u erlaubt ein Arbeiten mit den DMG, die durch ihren kleinen Messbereich eine Messabweichung aufweisen, die mit Absolutdrucksensoren so nicht erreichbar ist.

Nachdem ein Blick auf die eingesetzten pneumatischen Sonden, die verwendeten Sensoren und die Datenerfassungsplattformen geworfen wurde, erfolgt nun die Betrachtung der Aktorik und der Steuer- und Regeleinheiten.

Die im Rahmen dieser Arbeit entworfene und gefertigte Ventilinsel erlaubt es, den am DMG2 anliegenden Druck je nach Bedarf umzuschalten. Die Ventilinsel ist in Abbildung 3.7 dargestellt; eine technische Zeichnung befindet sich im Anhang unter Abbildung B.1 auf Seite 138. An der Grundplatte sind sieben totraumarme 3/2-Wege-Flipper-Magnetventile der Firma *Bürkert, Typ 6124* montiert. Sie erlauben den Anschluss von sieben Schläuchen des Typs *Tygon S3 E-3603*, über die der zu messende Sondendruck zur Ventilinsel gelangt. Zur Vermessung der Abströmung wird die Fünflochsonde an die Ventilinsel angeschlossen. Zur Vermessung der Anströmung ist die miniaturisierte Pitotsonde angeschlossen. Die Prandtlsonde ist sowohl während der Vermessung der Anströmung als auch während der Vermessung der Abströmung angeschlossen und dient als Referenzstelle, die eine Vergleichbarkeit der Messungen von An- und Abströmung miteinander ermöglicht.

Die Verbindung der Schläuche an die Grundplatte erfolgt über Kanülen des Typs *Sterican Gr.1* mit einem Aussendurchmesser von 0,9 mm und einer Länge von 40 mm, die auf an der Grundplatte befindliche *Luer*-Verbinder aufgesteckt sind. Die Spitze der Kanülen sind abgetrennt, um eine Beschädingung am Schlauch zu vermeiden. Die Grundplatte ist mittels des 3D-Druckers der Fachhochschule Münster gedruckt. Sie leitet die sieben an den Eingängen anliegenden Drücke über die Ventile an den Ausgang der Ventilinsel. Am Ausgang der Ventilinsel ist das DMG2 angeschlossen. Die Magnetventile werden auf die Grundplatte geschraubt. Auch hier werden wie bereits bei den Kaskadenschaufeln Gewindeeinsätze der Firma *KVT-Fastening* der Größe M1,6 verwendet. Im Gegesatz zu der äußerst dichten Schlauchanbindung entsteht an der Kontaktstelle zwischen Ventil und Grundplatte trotz verbauter Flächendichtung eine Leckage. Sie ist jedoch so gering, dass ein nennenswerter Einfluss auf die Druckmessung ausgeschlossen werden kann. Die Ansteuerung der Magnetventile erfolgt über sieben 24 V Gleichstromsignale, die über den Mehrachs-Controller *ISEL-iMC-S8* geschaltet werden.

Zur Aufnahme der Fünflochsonde an der Traverse dient die neben der Ventilinsel ebenfalls im Rahmen dieser Arbeit konstruierte und gefertigte Drehvorrichtung. Die Drehvorrichtung ist in Abbildung 3.7 dargestellt. Sie ermöglicht das Anpassen des Sondenwinkels relativ zur Traverse und somit zur Testsektion. Die Drehachse der Fünflochsonde im Sinne des Gierwinkels

Drehvorrichtung Ventilinsel

Fünflochsonde

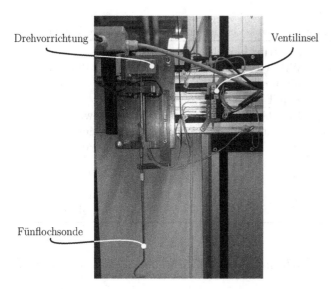

Abbildung 3.7.: Foto der Drehvorrichtung mit Fünflochsonde und Ventilinsel

(Vgl. Abbildung 3.8 auf Seite 32) lässt sich über den Schrittmotor des Typs *ISEL MS 135 HT - IMC4* automatisiert drehen. Der Schrittmotor hat eine Schrittweite von 1,8° und wird durch ein Präzisions-Schneckengetriebe der Firma *Mädler* mit einem Übersetzungsverhältnis von 80 : 1 und einem Achsabstand von 17 mm mit der Drehachse verbunden. Daraus resultiert eine Winkelabweichung der Fünflochsonde relativ zur Traverse von 0,1°. Die Ansteuerung des Motors erfolgt über den Mehrachs-Controller *ISEL-iMC-S8*, der neben den Anschlüssen für die drei Raumachsen mit einem Anschluss für eine beliebige vierte Achse ausgestattet ist. Um den Gierwinkel der Fünflochsonde auf einen Bereich von ±90° relativ zur Mittelachse des Windkanals einzuschränken, sind zwei mechanische Endschalter an der Drehachse montiert. Die Position der Fünflochsonde im Sinne des Nickwin-

Tabelle 3.2.: Übersicht über Messabweichungen und geometrische Abweichungen

DMG1 u. 2	Halstrup & Walcher	±0,2 %; 0-1 kPa
Absolutdrucksensor	WIKA P-30	±0,1 %; 80 kPa-120 kPa
Fünflochsonde	Aeroprobe - Cobra	±1 m/s, ±1°
Thermoelement	Typ T	1 K
Datenerfassung 1	NI cDAQ	0,1 % des Messw.
Datenerfassung 2	Agilent	±0,004 % des Messw.
Traverse	ISEL	min. Schrittw.: 0,01 mm
Drehvorrichtung	-/-	0,1°
Spaltweite	-/-	±0,1 mm
Schaufelteilung	-/-	±0,5 mm
Schaufelrauheit [11]	-/-	$k = 2\,\mu m$; hydr. glatt

kels erfolgt per Hand durch eine Mikrometerschraube in einem Bereich von ±6° [27].

Die Positionierung der Fünflochsonde und der miniaturisierten Pitot-sonde an der Testsektion erfolgt neben der Drehvorrichtung für die Fünf-lochsonde durch eine Traverse der Firma *ISEL*. Ihre durch Schrittmotoren angetriebenen Spindeln erlauben Bewegungen entlang der drei Raumach-sen mit einer maximalen Positionsabweichung von 0,01 mm. Die Ansteue-rung der Schrittmotoren erfolgt über den vom Hersteller dafür vorgesehenen Mehrachs-Controller *ISEL-iMC-S8*, über den bereits die Magnetventile ge-steuert werden. Die Ausrichtung der Traverse auf den Windkanal erfolgt mit Hilfe eines Laserpointers, der entlang der Außenkanten der Testsektion verfahren wird.

Eine Übersicht über die möglichen Messabweichungen und geometrischen Abweichungen der Kaskade sind in Tabelle 3.2 zu finden. Die Drehzahl des Axialventilators im Windkanal wird über ein zum Drehzahlbereich von $0\,min^{-1}$ bis $3000\,min^{-1}$ proportionales, analoges Spannungssignal von 0 V bis 10 V eingestellt. Das Stellsignal wird über die Datenerfassungsplattform

NI cDAQ in Kombination mit der Steckkarte *NI9263* an den Frequenzum-
richter des Axialventilators ausgegeben.

Im Zentrum der Messeinrichtung steht der PC, an dem die Datenerfassungsplattformen, der Mehrachs-Controller und der Absolutdrucksensor
durch die in Abbildung 3.6 auf Seite 24 dargestellten Schnittstellen angeschlossen sind. Ein mit der Software *LabVIEW* geschriebenes Programm
sorgt für die Koordination aller angeschlossenen Geräte. Das Programm befindet sich auf der beiliegenden CD. In Bezug auf die Datenerfassungplatt-
formen und den Absolutdrucksensor wird die Datenerfassung und das Ab-
speichern der Messwerte durch den PC gesteuert. Zwischen den Messwerter-
fassungen wird über die Traverse und die Drehvorrichtung der nächste Messpunkt angefahren. Die Regelung der Strömungsgeschwindigkeit des Windkanals erfolgt kontinuierlich über die Datenerfassungsplattform *NI cDAQ*,
sowie über einen PI-Softwareregler des Programms *LabVIEW*. Sie ist somit von der eigentlichen Messwerterfassung, die über das *Agilent 34790A*
erfolgt, weitestgehend entkoppelt.

3.4. Fünflochsonde

Ein Messmittel zur Druck- und Richtungsmessung von Strömungen ist die
Fünflochsonde. Im Rahmen dieser Arbeit wird sie zur Messung der Druckfel-
der und der daraus resultierenden Strömungsgeschwindigkeiten am Austritt
der Schaufelkaskade verwendet [23, S.16f]. Die hier verwendete Fünflochsonde ist eine Cobra-Sonde, deren Messkopf in der Achse des Sondenschaftes
liegt. Der Sondenkopf hat eine Kegelform mit einem Öffnungswinkel von
60° und einen Durchmesser von 3,18 mm. Die Fünflochsonde ist in Abbildung C.3 auf Seite 145 als Foto zu finden. Wie in Abbildung 3.8 auf der
nächsten Seite erkennbar sind die Bohrungen 2 bis 5 gleichmäßig auf einem
Teilkreis um die zentral im Kopf der Sonde platzierte Bohrung 1 angeordnet.

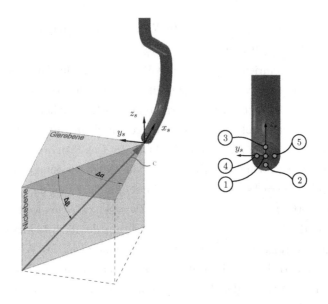

Abbildung 3.8.: Winkel- und Bohrungsdefinition der Fünflochsonde

Die Bohrungen 4 und 5 liegen in einer normalen Ebene zum Sondenschaft, welche im weiteren Verlauf als Gierebene bezeichnet wird. Die Bohrungen 2 und 3 liegen in einer Ebene orthogonal zur Gierebene, die den Geschwindigkeitsvektor c der Strömung enthält. Sie wird als Nickebene bezeichnet. Durch das Verhältnis der an den fünf Bohrungen im Kopf der Sonde anliegenden Drücke lässt sich auf die Strömungsrichtung, sowie den Betrag des Totaldruckes und des statischen Druckes der Strömung im Messpunkt schließen. Zur vollständigen Beschreibung der Strömungsrichtung werden Gierwinkel $\Delta\alpha$ und Nickwinkel $\Delta\beta$ im sondeneigenen Koordinatensystem mit den Koordinaten x_s, y_s und z_s definiert. Nick- und Gierwinkel dienen der Beschreibung der Winkel zwischen Geschwindigkeitsvektor c und Fünflochsonde. Die Fünflochsonde lässt sich auf zwei verschiedene Arten einsetzen. Es wird zwischen der *nulling* Methode und der *non-nulling* Methode unterschieden.

Bei der *nulling* Methode wird die Fünflochsonde relativ zur Strömungsrichtung so lange in Nick- und Gierebene gedreht, bis an den gegenüberliegenden Bohrungen der gleiche Druck anliegt. Ist dies der Fall, sind Stömungsvektor und Fünflochsonde kolinear. Der Totaldruck kann über die zentral gelegene Bohrung 1 ermittelt werden. Die erneute Positionierung der Fünflochsonde in jedem Messpunkt macht dieses Verfahren zeitaufwendig. Für einen automatisierten Betrieb ist eine Positionsregelung der Sonde notwendig. Weiterhin ist der Kopf der Fünflochsonde fertigungsbedingt nicht exakt symmetrisch. Die Abweichungen in der Symmetrie des Sondenkopfes führen zu Abweichungen in den Messergebnissen. Für genaue Messungen mit einer großen Anzahl von Messpunkten, wie sie hier durchgeführt werden, ist das *non-nulling* Verfahren zu bevorzugen.

Die *non-nulling* Methode vereinfacht die Positionierung der Sonde und erlaubt es, den statischen Druck im Messpunkt zu bestimmen. Im Unterschied zur *nulling* Methode ist jedoch eine Kalibrierung der Sonde notwendig, die mit großen Datenmengen und einem nicht unerheblichen Aufwand verbunden ist [7, S.34]. Die Kalibrierung der Fünflochsonde wird vom Sondenhersteller durchgeführt. Die Fünflochsonde wird hierzu auf einem Kalibrierstand mit einer bekannten Geschwindigkeit und unter verschiedenen Kombinationen von Nick- und Gierwinkel angeströmt. Für jede Kombination von Nick- und Gierwinkel werden die an den fünf Bohrungen der Sonde anliegenden Differenzdrücke Δp_1 bis Δp_5, und der Differenztotaldruck Δp_t relativ zum absoluten statischen Druck p_s am Messpunkt aufgezeichnet. Für die verwendete Fünflochsonde liegen Kalibrierdaten in einem Bereich von $-30°$ bis $30°$ für Nick- und Gierwinkel bei einem Winkelinkrement von einem Grad vor. Dies entspricht dem typischen Kalibrierbereich von kegeligen Fünflochsonden. Jede mögliche Kombination von Nick- und Gierwinkel ergibt einen Kalibrierpunkt. Daraus resultiert eine Anzahl von 3721 Kalibrierpunkten. Die Kalibrierdaten liegen für eine konstante Anströmmachzahl von $M_K = 0,088$ vor; was bei 20 °C etwa 30 m/s entspricht. Sie sind auf der beiliegenden CD in Form einer Excel-Tabelle zu finden.

Um ein zu großes Streuen der Kalibrierpunkte zu verhindern, werden nach Treaster und Yocum [28] die folgenden dimensionslosen Koeffizienten für jeden der Kalibrierpunkte aus den Drücken Δp_1 bis Δp_5 gebildet:

$$K_{\Delta\alpha} = \frac{\Delta p_4 - \Delta p_5}{\Delta p_1 - \overline{p}} \tag{3.6}$$

$$K_{\Delta\beta} = \frac{\Delta p_2 - \Delta p_3}{\Delta p_1 - \overline{p}} \tag{3.7}$$

$$K_t = \frac{\overline{p} - \Delta p_t}{\Delta p_1 - \overline{p}} \tag{3.8}$$

$$K_s = \frac{\overline{p} - \Delta p_s}{\Delta p_1 - \overline{p}} \tag{3.9}$$

Hierbei ist $\overline{p}$ wie folgt definiert:

$$\overline{p} = \frac{\Delta p_2 + \Delta p_3 + \Delta p_4 + \Delta p_5}{4} \tag{3.10}$$

Wird $K_{\Delta\beta}$ über $K_{\Delta\alpha}$ aufgetragen, ergibt sich das in Abbildung 3.9 auf der nächsten Seite dargestellte Kalibrierfeld. Jeder Punkt entspricht einer bestimmten Kombination von Nickwinkel $\Delta\beta$ und Gierwinkel $\Delta\alpha$. Ebenfalls kann jedem Kalibrierpunkt ein Totaldruckkoeffizient K_t und ein statischer Druckkoeffizient K_s zugewiesen werden. Es ergeben sich die dargestellten Linien konstanter Winkel, an deren Schnittpunkten die Kalibrierpunkte liegen. Für eine bessere Übersichtlichkeit sind die Linien im Abstand von 10° dargestellt. Der Vorzeichenwechsel von $K_{\Delta\beta}$ und $K_{\Delta\alpha}$ ist auf die Differenz

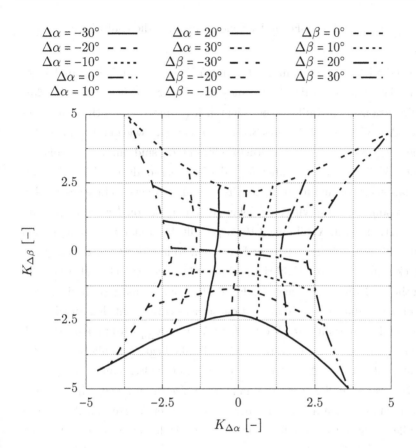

Abbildung 3.9.: $K_{\Delta\beta}$ über $K_{\Delta\alpha}$ der verwendeten Fünflochsonde für eine Anströmmachzahl von $M_K = 0,088$

der Drücke im Zähler von Gleichung (3.6) und Gleichung (3.7) zurückzuführen. Der Nenner von $K_{\Delta\beta}$ und $K_{\Delta\alpha}$ bleibt während der Kalibrierung positiv, da im kalibrierten Bereich $\Delta p_1 \geq \overline{p}$ ist. Durch den schrägen Verlauf der Linien konstanter Winkel bei $\Delta\alpha = \Delta\beta = 0°$ zeigt sich nach Wörrlein

[34] die unsymmetrische Form der Sonde, die durch die Kalibrierung erfasst wird.

Wird die Fünflochsonde in den folgenden Versuchen am Windkanal angeströmt, lassen sich aus den fünf gemessenen Differenzdrücken Δp_1 bis Δp_5 die dimensionslosen Kalibrierkoeffizienten $K'_{\Delta\beta}$ und $K'_{\Delta\alpha}$ bestimmen. Nickwinkel $\Delta\beta'$, Gierwinkel $\Delta\alpha'$ des Strömungsvektors, sowie der Totaldruckkoeffizient K'_t und der statische Druckkoeffizient K'_s sind durch Interpolation aus dem Kalibrierfeld $K_{\Delta\beta}$ über $K_{\Delta\alpha}$ der Fünflochsonde abzuleiten. Die Interpolation erfolgt durch eine in der Programmiersprache Octave geschriebene Funktion. Zunächst wird eine Delaunay-Triangulation der Kalibrierpunkte erzeugt. Sie ist in Abbildung 3.10 dargestellt. Die Delaunay-Triangulation verbindet die Kalibrierpunkte zu Dreiecken, sodass der Umkreis um jedes Dreieck keinen weiteren Kalibrierpunkt enthält. Die Dreiecke außerhalb des eigentlichen Kalibrierbereichs der Fünflochsonde, die dargestellt sind, werden nicht für die weitere Interpolation berücksichtigt. Mit den aus den gemessenen Daten ermittelten Werten für $K'_{\Delta\beta}$ und $K'_{\Delta\alpha}$ wird nun das Dreieck ermittelt, in dem der zu interpolierende Punkt liegt. Anschließend erfolgt die Interpolation von $\Delta\beta'$, $\Delta\alpha'$, K'_t und K'_s über die Eckpunkte des gewählten Dreiecks nach einem programminternen Verfahren linear. Sind K'_t und K'_s bekannt, werden aus ihnen über die bekannten Werte von Δp_1 und $\overline{p}$ und Gleichung (3.9) und Gleichung (3.10) der Differenztotaldruck Δp_t und der statische Differenzdruck Δp_s relativ zum Umgebungsdruck p_u ermittelt [9]. Abbildung 3.11 auf Seite 38 stellt den grundlegenden Ablauf zur Bestimmung von Δp_t und Δp_s dar.

Interessant ist das Verhalten der Koeffizienten $K'_{\Delta\beta}$ und $K'_{\Delta\alpha}$ für Anströmwinkel, die den Kalibrierbereich von $\pm 30°$ der Sonde verlassen, sowie an Stellen, an denen geringe Drücke und keine eindeutige Strömungsrichtung vorliegen. Beide Fälle treten bei den im weiteren Verlauf dieser Arbeit vermessenen Abströmfeldern der Kaskade auf.

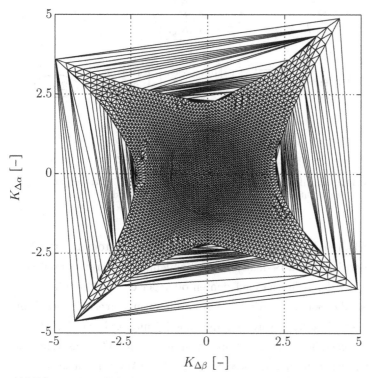

Abbildung 3.10.: Delaunay-Triangulation des Kalibrierfeldes der Fünflochsonde

Werden die Anströmwinkel groß, zeigt sich wie erwartet eine immer stärker werdende Differenz zwischen den Drücken an gegenüberliegenden Bohrungen. Wird der kalibrierte Bereich von ±30° überschritten, lässt sich ein
starker Druckabfall an Bohrung 1 der Sonde beobachten. Durch den Druckabfall wird $\bar{p}$ größer als p_1 und das Vorzeichen der Kalibrierkoeffizienten
$K'_{\Delta\beta}$ und $K'_{\Delta\alpha}$ wechselt. Ebenfalls wechselt das Vorzeichen der aus dem
Kalibrierfeld ermittelten Winkel $\Delta\beta'$ und $\Delta\alpha'$, die nicht den real an der
Sonde anliegenden Strömungswinkeln entsprechen.

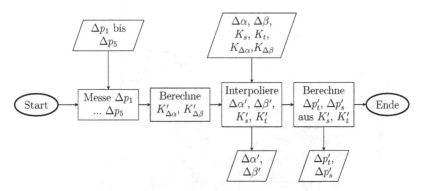

Abbildung 3.11.: Grundlegender Ablauf zur Bestimmung des Differenztotaldruckes Δp_t und des statischen Differenzdruckes Δp_s mittels Fünflochsonde

Dieses Verhalten der Kalibrierkoeffizienten ist für die automatisierte Positionierung der Sonde von Bedeutung. Die Sondenpositionierung kann nicht in Abhängigkeit der Kalibrierkoeffizienten oder der ermittelten Winkel erfolgen, da so die Sondenposition bei Anströmungen außerhalb des Kalibrierbereiches nicht erfasst werden kann. Eine Lösung stellt die Berücksichtigung der Druckdifferenzen im Zähler von $K'_{\Delta\beta}$ und $K'_{\Delta\alpha}$ zusätzlich zu den Kalibrierkoeffizienten dar. Diese zeigen auch bei Winkeln außerhalb des Kalibrierbereichs ein eindeutiges Verhalten. Das Ablaufschema der automatisierten Sondenpositionierung ist in Abbildung 4.8 auf Seite 59 dargestellt.

In Bezug auf die Messabweichungen der Sonde lassen sich laut des Datenblattes des Herstellers Nick- und Gierwinkel mit einer Abweichung von einem Grad, sowie die Strömungsgeschwindigkeit mit einer Abweichung von einem Meter pro Sekunde bestimmen. Diese Angaben berücksichtigen jedoch nicht die hier verwendete Mess- und Positioniereinrichtung. Auf Basis der vorliegenden Datenblätter ist es nicht möglich, den Anteil von Kalibrier- und Auswerteverfahren, sowie den Anteil der Messkette an der angegebenen Gesamtabweichung zu erkennen. Es kann somit für die mit der Fünflochsonde ermittelten Werte nur eine Abweichung in Bezug auf die ermittelten Kalibrierkoeffizienten angegeben werden. Der Einfluss der Kalibrierdaten auf die Messabweichungen wird nicht erfasst.

Die Messabweichung einer Fünflochsonde kann nach Wörrlein [34] durch den Vergleich der am Kalibrierstand erzeugten Anströmbedingungen zu den über das Kalibrierfeld ermittelten Werten abgeschätzt werden. Es wird deutlich, dass die Messabweichung bei größeren Nick- und Gierwinkeln zunehmen. Die Messabweichung kann demnach durch eine Positionsanpassung der Fünflochsonde verringert werden. Im weiteren Verlauf dieser Arbeit zeigt sich, dass die Abströmwinkel hinter der Kaskade den kalibrierten Bereich der Fünflochsonde verlassen und eine Anpassung der Sondenposition sowohl für den Nick- als auch für den Gierwinkel notwendig ist. Der Einfluss der Interpolationsmethode auf die Messabweichung ist aufgrund der hohen Anzahl an Messpunkten und der daraus resultierenden hohen Auflösung des vorliegenden Kalibrierfeldes zu vernachlässigen.

4. Kaskadenströmung: Vermessung und Auswertung

Um die in Abschnitt 2 auf Seite 5 definierten thermodynamischen Verluste der Strömung entlang der Schaufelkaskade zu bestimmen wird sowohl die Anströmung als auch die Abströmung der Kaskade mit der Hilfe des bereits beschriebenen Versuchsstandes vermessen. Als Sollwert für die Geschwindigkeitsregelung des Windkanals wird für alle durchgeführten Versuche die Geschwindigkeit $c_{1,r} = 12{,}5\,\text{m/s}$ festgelegt. Sie ist wie folgt definiert:

$$c_{1,r} = \sqrt{\frac{2\Delta p_{d1,r}}{\rho_1}} = \sqrt{\frac{2(p_{t1,r} - p_{s1,r}) \cdot T_1 \cdot R}{p_u}} = 12{,}5\,\text{m/s} \qquad (4.1)$$

und entspricht einer Reynoldszahl $Re_{1,r}$ bezogen auf die Schaufelsehnenlänge $s = 72{,}5\,\text{mm}$ bei einer kinematischen Viskosität von $\nu \approx 15{,}6 \times 10^{-6}\,\text{m}^2/\text{s}$ von:

$$Re_{1,r} = \frac{\overline{c_{1,r}} \cdot s}{\nu} \approx \frac{12{,}5\,\text{m/s} \times 72{,}5\,\text{mm}}{15{,}6 \times 10^{-6}\,\text{m}^2/\text{s}} \approx 5{,}8 \times 10^4 \qquad (4.2)$$

Der dynamische Druck der Anströmung $p_{d1,r}$ ist in Gleichung (3.4) auf Seite 25 bestimmt. Der Ablauf der Messung ist in Abbildung 4.1 auf der nächsten Seite dargestellt. Als Richtlinie für die Versuchsplanung wird nach Barlow vorgegangen [2]. Als erstes wird die Fünflochsonde inklusive der Drehvorrichtung an der Traverse montiert. Bei demontierter Testsektion erfolgt anschließend die Ausrichtung der Fünflochsonde auf die Hauptströmung im Freistrahl des Windkanals. Anschließend wird die Testsektion am Windkanal montiert Nach dem Einstellen der Spaltweite τ an der Testsektion erfolgt das Starten des Windkanals. Die Strömungsgeschwindigkeit wird

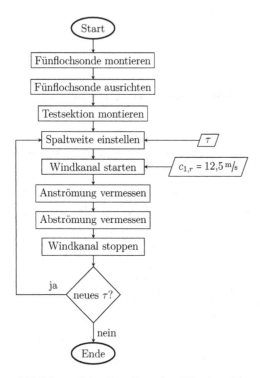

Abbildung 4.1.: Grundlegender Ablauf zur Vermessung der Kaskadenströmung

auf $c_{1,r} = 12{,}5\,\mathrm{m/s}$ geregelt. Nach der Vermessung der Anströmung folgt direkt, ohne den Windkanal zu stoppen, die Vermessung der Abströmung. Die Messungen folgen direkt aufeinander, um möglichst gleiche Anströmbedingungen zu garantieren. Anschließend wird der Windkanal gestoppt. Soll eine weitere Spaltweite vermessen werden, wird diese an der Testsektion eingestellt und der Ablauf beginnt erneut. Sind alle Spaltweiten vermessen, ist das Ende der Messung erreicht. Messzeiten, in denen die Labortemperatur und der Umgebungsdruck stark schwanken, werden vermieden. Die auftretenden systematischen Messabweichungen können bei allen Messungen als gleich betrachtet werden und können für den im Rahmen dieser Arbeit erfolgenden Vergleich zwischen den einzelnen Messreihen vernachlässigt werden. Im Vergleich mit anderen Arbeiten sollten sie jedoch berücksichtigt werden. Zufällige Messabweichungen werden im Rahmen dieser Arbeit nicht im Detail betrachtet. Es wird jedoch davon ausgegangen, dass sie sich aufgrund der während der Auswertung häufig erfolgenden Mittelungen gegenseitig aufheben und so sehr gering werden. In den folgenden Unterpunkten wird die Vermessung von An- und Abströmung der Kaskade näher beschrieben und die Messergebnisse werden präsentiert.

4.1. Kaskadenanströmung: Vermessung und Auswertung

Um eine Aussage über Druckverluste über die Schaufelkaskade zu treffen, müssen neben den Eigenschaften des Abströmfeldes auch Informationen über die Anströmung der Kaskade vorliegen. Hierzu wird an den in Abbildung 4.2 auf der nächsten Seite dargestellten drei Positionen vor der Kaskade die Kaskadenanströmung über eine Schaufelteilung t erfasst. In einem Abstand von 100 mm zur Vorderkante des Schaufelgitters wird der Differenztotaldruck Δp_{t1} relativ zum Umgebungsdruck im Labor p_u vermessen. Der Abstand des Messpunktes zur Schaufelvorderkante ist nach Dixon und Hall [6, S.59] mit mindestens einer Sehnenlänge der Schaufel so gewählt, dass der Einfluss der Kaskade auf den vorherrschenden statischen Druck in der Anströmung vernachlässigbar ist. Da in Anlehnung an Willinger [33] von einer symmetrischen Anströmung ausgegangen wird, ist der Messbereich vom Kaskadendeckel bis zur halben Schaufelhöhe $z = -75$ mm eingeschränkt.

Zur Messung Δp_{t1} dient die miniaturisierte Pitotsonde mit einem Kopfdurchmesser von 0,8 mm. Sie erlaubt eine minimale z-Koordinate von $z = -0,4$ mm. Ihre Länge in Strömungsrichtung beträgt etwa 65 mm, was in Sum-

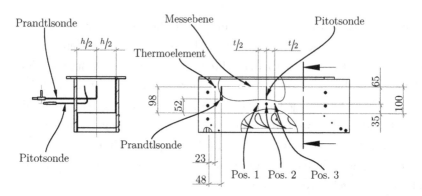

Abbildung 4.2.: Sondenposition in der Kaskadenanströmung

me mit dem Abstand der Bohrungen im Kaskadendeckel von 35 mm zu dem bereits genannten Abstand der Messpunkte zur Schaufelvorderkante von 100 mm führt. Die miniaturisierte Pitotsonde ist in Abbildung C.4 auf Seite 145 dargestellt. Der Wandeinfluss und der Einfluss der Scherung in der Grenzschicht auf die Messung mit der miniaturisierte Pitotsonde kann nach MacMillan [19] berücksichtigt werden, wird hier jedoch nach Eckelmann [7] aufgrund seiner geringen Größenordnung gegenüber der allgemeinen Messabweichung vernachlässigt. Der statische Druck der Anströmung wird über den gesamten Querschnitt des Windkanals als konstant angenommen. Daher kann er über die an der Testsektion fixierte Prandtlsonde erfasst werden und entspricht somit hier $\Delta p_{s1,r}$, der ebenfalls der Regelung der Anströmgeschwindigkeit dient. Auch $\Delta p_{s1,ref}$ wird relativ zum Umgebungsdruck p_u erfasst. Nach Goldstein [12] und Fage [8] ist der mit der Prandtlsonde gemessene statische Druck aufgrund der Strömungsturbulenz etwas zu gering. Für eine Strömung mit geringen Turbulenzintensitäten, wie sie hier vorliegt (Vgl.Abschnitt 3.1 auf Seite 14), nimmt die Druckminderung im Vergleich zur Messabweichung jedoch sehr geringe Beträge an und kann somit vernachlässigt werden [10, S.10]. Der Einfluss durch die abweichende Position

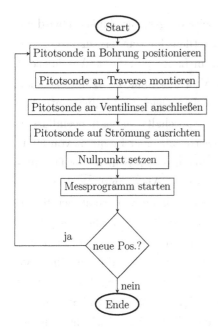

Abbildung 4.3.: Ablauf des Messprogramms zur Vermessung der Kaskadenanströmung

der Messpunkte für Totaldruck und statischen Druck wird ebenfalls vernachlässigt. Der *offset* p_o des DMG2 wird über einen nicht belegten Anschluss der Ventilinsel erfasst.

Zur Messung wird, wie in Abbildung 4.3 darstellt, vorgegangen. Zuerst wird die Pitotsonde relativ zur Kaskade in einer der dafür vorgesehenen Bohrungen im Deckel der Testsektion positioniert. Anschließend erfolgt die Montage an der Traverse. Es folgt der Anschluss an die Ventilinsel neben der Prandtlsonde. Nach der Ausrichtung der Pitotsonde in Richtung der Strömung wird der Nullpunkt auf der Spaltseite der Testsektion gesetzt und das Messprogramm gestartet. Die Messung wird solange wiederholt, bis alle drei Positionen vor der Kaskade vermessen sind. Der Ablauf des Messprogramms ist in Abbildung 4.4 auf der nächsten Seite dargestellt. Zunächst wird ein Messpunkt angefahren. Im Messpunkt werden die Temperatur in der Anströmung T_1 und der Umgebungsdruck im Labor p_u erfasst. Anschließend wird der zu messende Druck durch die Ventilinsel auf das DMG2 geschaltet. Die Wartezeit von 4 s dient zum Druckausgleich in der pneumatischen Kette der Messeinrichtung. Liegt ein vom Umschaltvorgang unbeeinflusster Druck am DMG2 an, werden 150 Messwerte mit einer Frequenz von 50 Hz aufgenommen. Aus ihnen folgen die in einem ersten Schritt der Datenreduktion berechneten Mittelwerte $\widehat{\Delta p_{t1}}$, $\widehat{\Delta p_{s1,r}}$, $\widehat{\Delta p_{s1,r}}$ und $\widehat{\Delta p_o}$ sowie die zugehörigen Standardabweichungen S. Der Vorgang wiederholt sich für alle Messpunkte und Drücke automatisiert und endet, wenn alle Messpunkte abgearbeitet sind. Die Messungen werden für den Aufbau ohne Spalt und die zwei Spaltweiten von $\tau = 1,5$ mm und $\tau = 2,9$ mm durchgeführt. Somit ergeben sich drei Geschwindikeitsprofile von c_1 pro Spaltweite, die in Abbildung 4.5 auf Seite 48 dimensionslos dargestellt sind. Die Strömungsgeschwindigkeit vor der Kaskade c_1 ergibt sich unter Berücksichtigung der Anströmtemperatur T_1 und dem Umgebungsdruck p_u wie folgt:

$$c_1 = \sqrt{\frac{2 \cdot (\Delta p_{t1} - \Delta p_{s1,r})}{\rho_1}} = \sqrt{\frac{2 \cdot (\Delta p_{t1} - \Delta p_{s1,r}) \cdot T_1 \cdot R}{p_u}} \tag{4.3}$$

Sie wird auf die Geschwindigkeit in der Mitte des Kanals $\widehat{c_{1,cl}}$ bezogen, um die Geschwindigkeitsprofile der unterschiedlichen Messungen vergleichbar zu machen. Die Geschwindigkeit $\widehat{c_{1,cl}}$ ist als Mittelwert der Geschwindigkeiten im Bereich von -40 mm $\leq z \geq -75$ mm für jedes erfasste Geschwindigkeitsprofil einzeln definiert.

Der Bereich von $0 \leq c_1/\widehat{c_{1,cl}} \geq 0,5$ ist in Abbildung 4.5 nicht dargestellt, da hier die miniaturisierte Pitotsonde aufgrund ihres Kopfdurchmessers keine Messwerte erfassen kann. Die z-Koordinate ist relativ zur Schaufelhöhe h aufgetragen. Ein Wert von $z/h = 0,5$ entspricht der Mittelebene der Kaskade,

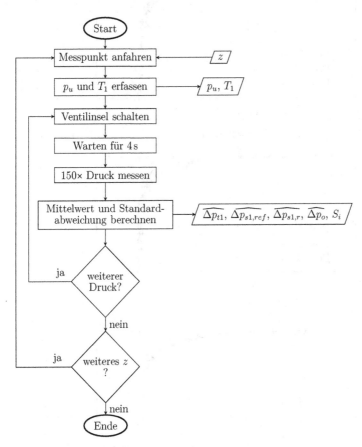

Abbildung 4.4.: Ablauf zur Vermessung der Kaskadenanströmung

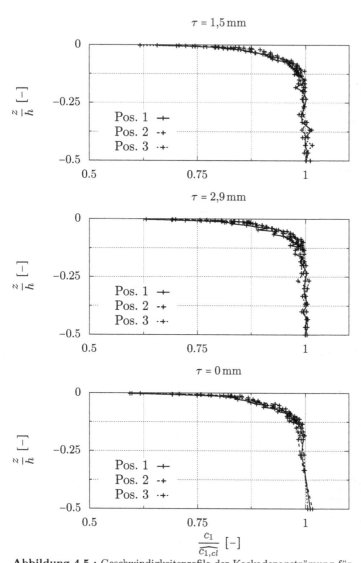

Abbildung 4.5.: Geschwindigkeitsprofile der Kaskadenanströmung für unterschiedliche Spaltweiten τ

wohingegen $z/h = 0$ der Position direkt unter dem Kaskadendeckel auf der Spaltseite der Schaufeln entspricht. Die Grenzschicht der Kanalströmung am Deckel der Testsektion ist für alle Spaltweiten klar erkennbar. Der starke Geschwindigkeitsanstieg in Wandnähe lässt auf eine turbulente Grenzschicht schließen. Ein signifikanter Unterschied der Geschwindigkeitsprofile in Bezug auf die Position vor der Kaskade kann nicht festgestellt werden. Vergleicht man die Geschwindigkeitsprofile bei verschiedenen Spaltweiten untereinander, so wird mit abnehmender Spaltweite der Bereich der Grenzschicht leicht größer.

Für die Druckverluste innerhalb der Anströmung sind nach Hamik [13, S.118] die Grenzschichten der Kanalströmung ausschlaggebend; daher werden sie hinsichtlich ihrer Eigenschaften näher untersucht. Zur Auswertung dienen die in Anlehnung an Schlichting [25, S.160f] wie folgt definierten Größen:

- Die Verdrängungsdicke δ^* beschreibt den Abstand, um den die Stromlinien der äußeren Potentialströmung durch die Geschwindigkeitsabnahme innerhalb der Grenzschicht verdrängt werden.

$$\delta^* = \int_0^\infty \left(1 - \frac{c_1(z)}{c_{1,\infty}}\right) \mathrm{d}z = \int_0^{z(c_1 = \overline{c_{1,cl}})} \left(1 - \frac{c_1(z)}{\overline{c_{1,cl}}}\right) \mathrm{d}z \qquad (4.4)$$

- Die Impulsverlustdicke δ^{**} beschreibt den in der Grenzschicht gegenüber der reibungslosen Außenströmung weniger durchfließenden Impuls.

$$\delta^{**} = \int_0^\infty \frac{c_1(z)}{c_{1,\infty}} \left(1 - \frac{c_1(z)}{c_{1,\infty}}\right) \mathrm{d}z = \int_0^{z(c_1 = \overline{c_{1,cl}})} \frac{c_1(z)}{\overline{c_{1,cl}}} \left(1 - \frac{c_1(z)}{\overline{c_{1,cl}}}\right) \mathrm{d}z \qquad (4.5)$$

- Die Energieverlustdicke δ^{***} beschreibt den Verlust an kinetischer Energie der Grenzschicht gegenüber der reibungsfreien Außenströmung.

$$\delta^{***} = \int_0^\infty \frac{c_1(z)}{c_{1,\infty}} \left(1 - \frac{c_1(z)^2}{c_{1,\infty}^2}\right) \mathrm{d}z = \int_0^{z(c_1 = \widehat{c_{1,cl}})} \frac{c_1(z)}{\widehat{c_{1,cl}}} \left(1 - \frac{c_1(z)^2}{\widehat{c_{1,cl}}^2}\right) \mathrm{d}z$$

$$(4.6)$$

- Der **Formfaktor** H bildet das Verhältnis von Verdrängungsdicke und Impulsverlustdicke.

$$H = \frac{\delta^*}{\delta^{**}} \qquad (4.7)$$

Die Berechnung der oben genannten Größen für die bereits gezeigten Messdaten erfolgt durch die Octave-Funktion zur Berechnung der Grenzschichtparameter. Deren Quellcode befindet sich im Anhang unter Abschnitt A auf Seite 117 und auf der beiliegenden CD. Die Integrale werden numerisch durch die Trapezregel berechnet unter der Annahme, dass $c_1(z = 0\,\mathrm{mm}) = 0\,\mathrm{m/s}$ ist. In Tabelle 4.1 auf der nächsten Seite sind die Grenzschichtparameter für unterschiedliche Spaltweiten und Positionen vor der Kaskade gegenübergestellt. Die Anströmgeschwindigkeit in der Mittelebene der Testsektion $\widehat{c_{1,cl}}$ nimmt mit zunehmender Spaltweite ausgehend von $12{,}6\,\mathrm{m/s}$ bei $\tau = 1{,}5\,\mathrm{mm}$ auf $12{,}8\,\mathrm{m/s}$ bei $\tau = 2{,}9\,\mathrm{m/s}$ um einen Betrag von $0{,}2\,\mathrm{m/s}$ zu. Die mittlere Anströmreynoldszahl bezogen auf die Schaufelsehnenlänge $s = 72{,}5\,\mathrm{mm}$ bei einer kinematischen Viskosität von $\nu \approx 15{,}6 \times 10^{-6}\,\mathrm{m^2/s}$ liegt bei:

$$Re_1 = \frac{\widehat{c_{1,cl}} \cdot s}{\nu} \approx \frac{12{,}7\,\mathrm{m/s} \times 72{,}5\,\mathrm{mm}}{15{,}6 \times 10^{-6}\,\mathrm{m^2/s}} \approx 5{,}9 \times 10^4 \qquad (4.8)$$

Tabelle 4.1.: Grenzschichtparameter der Anströmung in Abhängigkeit von der Messposition und der Spaltweite τ bei $Re_1 \approx 5{,}9 \times 10^4$ und $Ma_1 \approx 0{,}037$

τ [mm]	Pos.	$\widehat{c_{1,cl}}$ [m/s]	δ^* [mm]	δ^{**} [mm]	δ^{***} [mm]	H [-]
0	1	12,6	2,40	1,86	3,47	1,29
	2	12,6	2,14	1,70	3,22	1,25
	3	12,5	2,18	1,72	3,24	1,28
1,5	1	12,7	1,95	1,51	2,83	1,29
	2	12,7	1,53	1,19	2,25	1,29
	3	12,7	1,74	1,30	2,42	1,33
2,9	1	12,8	2,04	1,58	2,95	1,29
	2	12,8	1,44	1,10	2,08	1,31
	3	12,8	1,41	1,07	2,01	1,32

Die mittlere Machzahl Ma_1 der Anströmung beträgt bei einem Isentropenexponent von $\kappa = 1{,}4$, der spezifischen Gaskonstante für trockene Luft $R = 287\,^J/_{kg\,K}$ und einer Temperatur $T = 23\,^\circ C$:

$$Ma_1 = \frac{\widehat{c_{1,cl}}}{c_s} \approx \frac{12{,}7\,^m/_s}{345\,^m/_s} \approx 0{,}037 \tag{4.9}$$

Da $Ma_1 \geq 0{,}3$, kann die Anströmung als inkompressibel betrachtet werden [6, S.12]. Vergleicht man die Werte der Verdrängungsdicke, so lässt sich kein klares Muster in Abhängigkeit von der Bohrungsposition erkennen. Es zeigt sich jedoch eine Verringerung des mittleren Betrages von δ^* mit zunehmender Spaltweite. Dies gilt auch für die Größen δ^{**} und δ^{***}. Yaras und Sjolander [35] messen ebenfalls steigende Grenzschichtparameter mit kleiner werdenden Spaltweiten. Sie führen diesen Effekt jedoch auf eine Kante innerhalb der Testsektion zurück, die durch das Erzeugen des Spaltes entsteht. Diese geometrische Veränderung der Testsektion liegt hier nicht vor, da die Bleche zum Erzeugen der Spaltweiten auf der dem Spalt gegenüberliegenden Wand der Testsektion eingefügt werden.

Der Formfaktor H nimmt Werte in einem Bereich von $1,25 \leq H \leq 1,33$ an. Dieser Bereich stimmt in etwa überein mit dem Wert für eine turbulente Grenzschicht nach Pope [24, S.303] von $H = 1,3$. Ebenfalls zeigt sich Übereinstimmung mit dem Wert nach Schlichting [25, S.455f], der nach einem starken Abfall von H im Transitionsbereich der Grenzschicht an der flachen Platte einen Wert von $H = 1,4$ im turbulenten Bereich angibt.

Der örtliche Totaldruckkoeffzient der Anströmung lässt sich wie folgt definieren:

$$C_{pt1} = \frac{\widehat{\Delta p_{t1}(z)} - \widehat{\Delta p_{t1,cl}}}{\frac{\rho_1}{2} c_{1,cl}^2} \qquad (4.10)$$

mit einer Definition von $\widehat{\Delta p_{t1,cl}}$ auf der Basis von $\widehat{\Delta p_{t1}}$ analog zu $\widehat{c_{1,cl}}$. Er beschreibt den Totaldruckverlust in der Anströmung gegenüber dem Totaldruck in der Mitte der Testsektion und bezieht diesen auf den dynamischen Druck der Anströmung in der Mittelebene der Testsektion. Durch die Betrachtung des Totaldruckverlustes relativ zum dynamischen Druck wird eine Vergleichbarkeit von Messungen mit unterschiedlichen Anströmgeschwindigkeiten zumindest in dem hier vorliegenden Bereich möglich. Liegt ein Totaldruckverlust gegenüber der Strömung in der Mitte der Kaskade vor, nimmt der Totaldruckkoeffizient C_{pt1} negative Werte an. Je größer der Totaldruckverlust, desto größer wird der Betrag von C_{pt1}. Für jeden erfassten Messpunkt ist ein Wert für C_{pt1} bestimmbar. Die massenstromgewogene Flächenmittelung führt auf den Wert $\overline{\overline{C_{pt1}}}$, der alle Werte für C_{pt1} in einem Zahlenwert, bezogen auf den hier vorliegenden Messbereich von einer Schaufelteilung s und der halben Kanalhöhe $h/2$, zusammenfasst. Er ist in

Tabelle 4.2.: Totaldruckkoeffizient $\overline{\overline{C_{pt1}}}$ der Anströmung für verschiedene Spaltweiten τ bei $Re_1 \approx 5{,}9 \times 10^4$ und $Ma_1 \approx 0{,}037$

τ [mm]	$\dfrac{\tau}{h}$ [%]	$\dfrac{\tau}{s}$ [%]	$\overline{\overline{C_{pt1}}}$ [-]
0	0	0	-0,0452
1,5	1,0	2,0	-0,0318
2,9	1,9	4,0	-0,0297

Anlehnung an Hamik [13] und Benoni [3] und zusätzlicher Berücksichtigung der y-Richtung wie folgt definiert:

$$\overline{\overline{C_{pt1}}} = \frac{\int_0^t \int_0^{h/2} C_{pt1}\, \widehat{c_{1,cl}}\, \mathrm{d}z\, \mathrm{d}y}{\int_0^t \int_0^{h/2} \widehat{c_{1,cl}}\, \mathrm{d}z\, \mathrm{d}y} \tag{4.11}$$

Hamik und Benoni zeigen ebenfalls, dass $\overline{\overline{C_{pt1}}}$ in Abhängigkeit von der Verdrängungsdicke δ^* und der Energiemangeldicke δ^{***} formulierbar ist. Unter Berücksichtigung der drei Messpunkte in Richtung der y-Achse ergibt sich:

$$\overline{\overline{C_{pt1}}} = \frac{\int_0^t \delta^{***}\, \mathrm{d}y}{\int_0^t \left(\delta^* - \frac{h}{2}\right)\, \mathrm{d}y} \tag{4.12}$$

Durch den Zusammenhang in Gleichung (4.11) lassen sich aus den in 4.1 gezeigten Grenzschichtparametern die massenstromgewichteten und flächengemittelten $\overline{\overline{C_{pt1}}}$ Werte der Anströmung berechnen. Die Ergebnisse von $\overline{\overline{C_{pt1}}}$ für die hier durchgeführten Messungen sind mit der zugehörigen Spaltweite τ in Tabelle 4.2 aufgeführt. Die Werte von $\overline{\overline{C_{pt1}}}$ liegen in einem Bereich von $-0{,}0452 \leq \overline{\overline{C_{pt1}}} \leq -0{,}0297$. Sie sind im Vergleich zu Hamik, der einen Wert von $\overline{\overline{C_{pt1}}} = -0{,}0537$ angibt [13, S.120], und im Vergleich zu Dishart und Moore, die mit Grenzschichtabsaugung einen Wert von $\overline{\overline{C_{pt1}}}$ = $-0,0035$ erreichen [5], durchaus plausibel. Es zeigt sich eine Abnahme des Betrages von $\overline{\overline{C_{pt1}}}$ mit zunehmender Spaltweite τ, wobei der größte Unterschied im Betrag zwischen keinem Spalt und einer Spaltweite von τ = 1,5 mm auftritt. Der Unterschied im Betrag zwischen den Spaltweiten τ = 1,5 mm und τ = 2,9 mm beträgt im Vergleich dazu weniger als die Hälfte. Dieses Verhalten von $\overline{\overline{C_{pt1}}}$ ist auf die geringeren Werte der Grenzschichtparameter δ^* und δ^{***} zurückzuführen. Dies resultiert, unter Berücksichtigung der leicht unterschiedlichen Anströmbedingungen, aus den variierenden Spaltweiten der Schaufelkaskade. Dennoch kann auch die geringere Anzahl an Messwerten außerhalb der Grenzschicht bei einer Spaltweite von τ = 2,9 mm, und die darauf basierende Strömungsgeschwindigkeit in der Mittelebene der Kaskade zu einer leichten Verschiebung des Grenzschichtprofils und somit zu der größeren Abweichung in Bezug auf $\overline{\overline{C_{pt1}}}$ führen.

4.2. Kaskadenabströmung: Vermessung

Nach der Vermessung der Anströmbedingungen wird der Versuchsstand für die Vermessung der Abströmbedingungen umgebaut. Hierzu wird die Fünflochsonde neben der Prandtlsonde an der Ventilinsel angeschlossen. Die Anschlüsse der Ventilinsel sind nun vollständig belegt. Die Fünflochsonde ist an die Traverse montiert, durch die sie in der Messebene hinter der Schaufelkaskade entlang der Raumachsen verfahren werden kann. Die Drehvorrichtung ermöglicht die automatisierte Drehung der Sonde um ihren Schaft. Durch die Fünflochsonde wird der Totaldruck in der Kaskadenabströmung p_{t2}, der statische Druck der Abströmung p_{s2} sowie die Strömungsrichtung relativ zur Kaskade ermittelt. Dies geschieht in einem parallel zur xz-Ebene der Testsektion verlaufenden Feld, welches die durch den Spalt und das Schaufelprofil auftretenden Wirbelstrukturen der Messschaufeln 1 und 2 beinhaltet.

Somit wird die Abströmung der Messschaufel 2 mit passiver Einblasung und der Messschaufel 1 ohne passive Einblasung in der selben Messreihe erfasst.

Vor dem Beginn der Messungen erfolgt die Ausrichtung der Fünflochsonde auf die Kaskadenanströmung. Hierzu wird die Testsektion komplett demontiert und die Fünflochsonde im unbeeinflussten Freistrahl des Windkanals auf die Strömung ausgerichtet. Nach der einmaligen Ausrichtung kann die Testsektion wieder montiert und die Messung gestartet werden. Nach der Ausrichtung werden die Fünflochsonde oder die Drehvorrichtung nicht erneut demontiert. Die Position der Fünflochsonde und die Lage der Messebene sind in Abbildung 4.6 auf der nächsten Seite dargestellt.

Um Wandeinflüsse auf die durch die Fünflochsonde erfassten Messwerte auszuschließen, erfolgt die Messung im Freistrahl hinter der Testsektion. Der über alle Messungen konstante Abstand der Messebene von der Hinterkante der Testsektion liegt bei $x = 8\,\mathrm{mm}$. Daraus resultiert ein Abstand der Messebene von der Schaufelhinterkante der Kaskade von $24\,\mathrm{mm}$. Von der Schaufelvorderkante aus betrachtet ergibt sich relativ zur axialen Schaufelsehnenlänge ein Abstand zur Messebene von $x/b_x = 1,42$. Die Festlegung des Abstandes erfolgt auf der Basis von Probemessungen. Geringere Abstände führen zu einer hohen Anzahl an Messausfällen durch zu starke Strömungsumlenkung in den Wirbelbereichen. Zu große Abstände werden extrem durch die Aufweitung des Freistrahls hinter der Testsektion beeinflusst. Weiterhin werden bei zu geringen Abständen der Messebene von der Schaufelkaskade die durch viskose Reibung innerhalb des Fluids entstehenden Verluste nicht vollständig erfasst. Es stellt sich auch die Frage, ob der hier gewählte Abstand noch annähernd dem Abstand von Rotor und Stator in einer Axial-Turbine entspricht. Schlussendlich ist die hier gewählte Position ein Kompromiss zwischen der Anzahl von Messausfällen und einer Position der Messebene möglichst nah an der Kaskade um eine zu große Aufweitung des Freistrahls zu vermeiden. Eine annähernd vollständige Er-

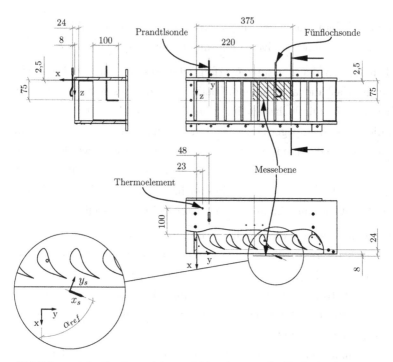

Abbildung 4.6.: Sondenposition und Messebene in der Kaskadenabströmung

fassung der Verluste durch den Ausmischungsvorgang kann bereits bei geringeren Abständen von der Messebene erreicht werden [32].

Aus Gründen der Symmetrie ist in Richtung der z-Achse auch hier die Vermessung des halben Strömungsquerschnittes der Testsektion ausreichend. Hierbei wird die leichte Änderung der Höhe des Strömungsquerschnittes mit variierender Spaltweite vernachlässigt. Ausgehend vom Deckel der Testsektion werden aufgrund des Sondendurchmessers ab einer z-Koordinate von $z = -2{,}5\,\mathrm{mm}$ Messwerte aufgenommen. Die Messung findet somit über einen Bereich von $-2{,}5\,\mathrm{mm} \leq z \geq -75\,\mathrm{mm}$ entlang der z-Achse statt, der in jedem Fall den Spaltwirbel umfasst. Insgesamt werden 13 Messpunkte in z-Richtung angefahren. Der Abstand der Messpunkte wird mit zunehmendem z-Wert größer, da im mittleren Bereich der Kaskade, außerhalb des Spaltwirbels, keine großen Druckänderungen in Richtung der z-Achse mehr zu erwarten sind. Entlang der y-Achse entspricht der Messbereich der Länge, die sowohl die durch Messschaufel 1 als auch die durch Messchaufel 2 erzeugten Wirbelstrukturen abbildet. Durch Probemessungen wird dieser Bereich auf $220\,\mathrm{mm} \leq y \geq 375\,\mathrm{mm}$ festgelegt. Die Aufteilung in Messpunkte erfolgt mit einer Schrittweite von $5\,\mathrm{mm}$. Das entspricht einer Anzahl von 32 Messpunkt in Richtung der y-Achse. Insgesamt wird das Messfeld so in 455 Messpunkte aufgeteilt. Für den Fall ohne Spalt wird eine etwas geringere Anzahl von Messpunkten aufgenommen. Da hier kein Unterschied durch die Einblasung vorliegt, ist das Erfassen nur einer Schaufelteilung ausreichend.

Neben den zu messenden Drücken soll die Strömungsrichtung im Messpunkt durch die Fünflochsonde bestimmt werden. Wie Nick- und Gierwinkel $\Delta\alpha$ und $\Delta\beta$ - und somit die Strömungsrichtung im Messpunkt relativ zum sondeneigenen Koordinatensystem - bestimmt werden können, ist bereits in Abschnitt 3.4 auf Seite 31 näher erläutert. Um nun die Strömungsrichtung im Messpunkt relativ zur Kaskade und somit zur Testsektion bestimmen zu können, ist es notwendig, die Drehung der Fünflochsonde relativ zur Testsektion zu bestimmen. Sie kann als Drehung des Sondenkoordinatensystems gegenüber dem Koordinatensystem der Testsektion betrachtet werden, die in Abbildung 4.6 auf der vorherigen Seite dartgestellt ist. Da die $x_s y_s$-Ebene der Fünflochsonde in diesem Fall stets in der xy-Ebene der Testsektion liegt, ist hierzu der Winkel α_r ausreichend. Er liegt in der xy-Ebene und beschreibt die Lage der xz-Ebene relativ zur $x_s z_s$-Ebene. Er ist in Bezug auf die Hauptströmungsrichtung, die der Richtung der x-Achse entspricht, definiert. Der Ablauf zur Vermessung der Abströmung ist in Abbildung 4.7 auf der nächsten Seite dargestellt. Nachdem die Fünflochsonde an die Ventilinsel angeschlossen ist, wird die Sonde mit der Traverse in den Koordinatenur-

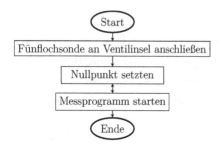

Abbildung 4.7.: Ablauf der Messung in der Kaskadenabströmung

sprung der Testsektion verfahren. Er liegt in Abbildung 4.6 auf Seite 56 in der oberen linken Ecke der Testsektion. Hier wird der Nullpunkt gesetzt, auf den die Koordinaten der Messpunkte bezogen sind. Ist der Nullpunkt gesetzt, wird das Messprogramm gestartet, dessen Ablauf durch das Flussdiagramm in Abbildung 4.8 auf der nächsten Seite dargestellt wird. Zunächst wird der Messpunkt mit den gegeben Koordinaten x, y und z angefahren. Der Referenzwinkel nimmt als Ausgangswert immer einen Wert von $\alpha_r = 68°$ an. Ist der Messpunkt erreicht, werden die Temperatur der Anströmung T_1 und der Umgebungsdruck p_u, zu dem alle weiteren Drücke relativ erfasst werden, gemessen. Der zu messende Druck wird über die Ventilinsel auf das DMG2 geschaltet und 150 mal gemessen, woraus direkt der arithmetische Mittelwert und die Standardabweichung gebildet werden. Anschließend wird der Vorgang durch das erneute Schalten der Ventilinsel für einen weiteren Druck wiederholt, bis die Mittelwerte und Standardabweichungen sämtlicher Drücke $\overline{\Delta p_{t1,r}}$, $\overline{\Delta p_{s1,r}}$ und $\overline{\Delta p_1}$ bis $\overline{\Delta p_5}$ erfasst sind. Bevor die für diesen Messpunkt erfassten Messwerte abgelegt werden, ist jedoch zu prüfen, ob die Strömungsrichtung im Sinne des Giewinkels $\Delta\alpha$ im kalibrierten Bereich der Fünflochsonde liegt. Hierzu wird aus den Drücken $\overline{\Delta p_1}$ bis $\overline{\Delta p_5}$ nach Gleichung (3.6) auf Seite 34 der Giewinkelkoeffizient $K'_{\Delta\alpha}$ berechnet und mit den Kalibrierdaten der Fünflochsonde verglichen. Ist $-2 < K'_{\Delta\alpha} < 2$,

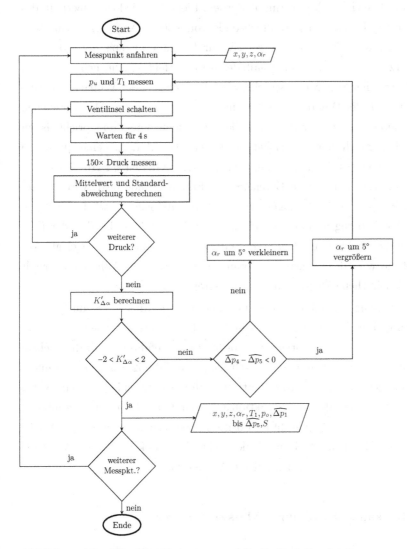

Abbildung 4.8.: Ablauf des Messprogramms für die Kaskadenabströmung

kann der Giewinkel $\Delta\alpha$ bestimmt werden. Liegt $K'_{\Delta\alpha}$ jedoch außerhalb des kalibrierten Bereichs der Fünflochsonde von $-30° < \Delta\alpha < -30°$, muss der Winkel α_r der Fünflochsonde relativ zur Kaskade angepasst werden. Da das Vorzeichen von $K'_{\Delta\alpha}$ außerhalb des Kalibrierfeldes nicht mehr eindeutig dem Vorzeichen von $\Delta\alpha$ entspricht, wird die Richtung der Winkelanpassung auf der Basis der Differenz von $\widehat{\Delta p_4}$ und $\widehat{\Delta p_5}$ vorgenommen. Das Vorzeichen der Differenz, die dem Zähler des Gierwinkelkoeffizienten entspricht, ist in jedem Fall gleich dem Vorzeichen des Gierwinkels $\Delta\alpha$. Aus einer positiven Differenz von $\widehat{\Delta p_4}$ und $\widehat{\Delta p_5}$, folgt ein positiver Gierwinkel $\Delta\alpha$. Da dieser außerhalb des kalibrierten Bereiches der Fünflochsonde liegt, wird α_r um einem Betrag von 5° verringert. Ist die Differenz negativ, wird α_r vergrößert. Der Vorgang wiederholt sich bis $-2 < K'_{\Delta\alpha} < 2$ ist. Ist dies der Fall, werden die im Messpunkt erfassten Größen ausgegeben und abgelegt. Anschließend wird der nächste Messpunkt angefahren. Der Ablauf wiederholt sich, bis sämtliche Messpunkte abgearbeitet sind.

Die Messung beginnt am Messpunkt mit den Koordinaten (8 mm, 220 mm, $-2,5$ mm). Für die folgenden Messpunkte gilt: Es werden für jede z-Koordinate zunächst alle zugehörigen y-Koordinaten angefahren bevor die nächste z-Koordinate folgt. Um den *offset*-Druck p_o des DMG2 erfassen zu können, wird vor jeder neuen z-Koordinate der Fünflochsondenkopf in ein Stück Schaumstoff oberhalb der Testsektion gefahren. In dieser, gegenüber äußeren Strömungseinflüssen gedämpften Position entsprechen die erfassten Drücke dem *offset* des DMG2. So wird die leichte Nullpunktdrift des DMG2 für jede Traversierung in Richtung der y-Achse erfasst.

4.3. Kaskadenabströmung: Messwertauswertung

Im Anschluss an die Vermessung der Kaskadenabströmung folgt nun die Auswertung der Messergebnisse. Zunächst erfolgt die Auswertung lokal und umfasst den Totaldruckverlust der Abströmung, den statischen Druckverlust der Abströmung, die Abströmwinkel, die Sekundärgeschwindigkeitsvektoren und die Vortizität des Abströmfeldes. Ihr Zusammenspiel wird mit Blick auf die in der Kaskadenströmung entstehenden Wirbelstrukturen und deren Anteile am Totaldruckverlust ausgewertet. Für den Abströmwinkel α, den Totaldruckverlust und die bezogene Abströmgeschwindigkeit erfolgt im ersten Schritt der Datenreduktion die Auswertung durch massenstromgewogene und teilungsgemittelte Größen. In einem zweiten Schritt erfolgt die weitere Datenreduktion durch die massenstromgewogene Flächenmittelung. Als Resultat liegt jeweils ein flächengemittelter Wert für den Abströmwinkel α, den Totaldruckverlust der Abströmung und die bezogene Abströmgeschwindigkeit vor. Die Berechnung der einzelnen Größen erfolgt mit der Hilfe des Programms Octave. Der Quellcode kann im Anhang unter Abschnitt A auf Seite 117 eingesehen werden.

4.3.1. Lokale Größen der Kaskadenabströmung

Über das in Abschnitt 3.4 auf Seite 31 bereits erläuterte *non-nulling* Verfahren und die damit verbundene Interpolation können aus den durch die Fünflochsonde erfassten Drücken $\widehat{\Delta p_1}$ bis $\widehat{\Delta p_5}$ der Differenztotaldruck Δp_{t2} und der statische Differenzdruck Δp_{s2} im Messpunkt abgeleitet werden. Zur Auswertung der Drücke werden wie bei der Kaskadenanströmung auch hier Druckkoeffizienten verwendet. Die lokale Auswertung des Totaldruckes Δp_{t2} erfolgt durch den Totaldruckkoeffizienten der Abströmung C_{pt2}. Er lässt sich zunächst ausdrücken durch die Formel [3, 13, 33]:

$$C_{pt2} = \frac{\Delta p_{t2} - \overline{\overline{\Delta p_{t1,cl}}}}{\overline{\overline{\frac{\rho_1}{2} c_{1,cl}^2}}} \qquad (4.13)$$

C_{pt2} ist wie der Totaldruckkoeffizient der Anströmung C_{pt1} ebenfalls auf die Anströmgeschwindigkeit im mittleren Bereich der Testsektion bezogen. Im Unterschied zu C_{pt1} werden bei C_{pt2} jedoch $c_{1,cl}$ und $\Delta p_{t1,cl}$ nicht nur entlang der z-Achse arithmetisch gemittelt, sondern ebenfalls in Richtung der y-Achse über alle drei erfassten Positionen in der Kaskadenanströmung. Die drei Werte von $\overline{c_{1,cl}}$ und $\overline{\Delta p_{t1,cl}}$ pro Spaltweite werden in den einmal pro Spaltweite auftretenden Werten $\overline{\overline{c_{1,cl}}}$ und $\overline{\overline{\Delta p_{t1,cl}}}$ zusammengefasst. Der Unterschied zwischen den einfach gemittelten und den zweifach gemittelten Werten ist gering. Dies kann anhand der Werte von $\overline{c_{1,cl}}$ in Tabelle 4.2 auf Seite 53 nachvollzogen werden.

Die Werte von $\overline{\overline{\Delta p_{t1,cl}}}$ und $\overline{\overline{\frac{\rho_1}{2}c_{1,cl}^2}}$ werden nicht zum gleichen Zeitpunkt erfasst wie der Druck Δp_{t2}. Ihre Messung erfolgt, wie in Abbildung 4.1 auf Seite 42 dargestellt, nacheinander. Trotz der verwendeten Regelung und der direkt aufeinander folgenden Messung kann die Referenzanströmgeschwindigkeit $c_{1,r}$ zwischen den Messreihen von An- und Abströmung schwanken. Daher werden die Druckkoeffizienten $C_{pt1,r}$ und $C_{pt2,r}$ gebildet.

$$C_{pt1,r} = \frac{\overline{\overline{\Delta p_{t1,cl}}} - \overline{\Delta p_{t1,r}}}{\frac{\rho_1}{2}c_{1,r}^2} \tag{4.14}$$

$$C_{pt2,r} = \frac{\Delta p_{t2} - \overline{\Delta p_{t1,r}}}{\frac{\rho_1}{2}c_{1,r}^2} \tag{4.15}$$

Die arithmetischen Mittelwerte $\overline{\Delta p_{t1,r}}$ und $\overline{\frac{\rho_1}{2}c_{1,r}^2}$ werden über alle erfassten Werte der jeweiligen Messreihe gebildet. Durch $C_{pt1,r}$ und $C_{pt2,r}$ wird eine Berechnung von C_{pt2} unter Berücksichtigung unterschiedlicher Referenzanströmgeschwindigkeiten $c_{1,r}$ zwischen den Messreihen von An- und Abströmung wie folgt möglich:

$$C_{pt2} = \frac{C_{pt2,r} - C_{pt1,r}}{\left(\frac{\overline{\overline{c_{1,cl}}}}{\overline{c_{1,r}}}\right)^2} \qquad (4.16)$$

Der lokale Totaldruckkoeffizient der Abströmung C_{pt2} ist in Abbildung 4.9 auf der nächsten Seite für die vermessenen Spaltweiten dargestellt. Entlang der beiden Achsen der Diagramme sind die relativen Koordinaten des Messfeldes z/h und y/t dargestellt, so dass sämtliche Messpunkte dargestellt werden können. Die Kreuze im Diagramm stellen die Koordinaten der Messpunkte dar. Die äußersten Messpunkte des Messfeldes fallen mit den Diagrammachsen zusammen. Das Längenverhältnis der Achsen entspricht dem des Messfeldes. Die an den einzelnen Messpunkten anliegenden C_{pt2}-Werte werden durch die am rechten Rand befindliche Skala wiedergegeben. Zwischen den Messpunkten wird der Verlauf der Messgrößen grob interpoliert, ohne dass dadurch die Messwerte am Messpunkt beeinflusst werden. Es gilt: je geringer der Wert von C_{pt2}, desto höher sind die vorliegenden Druckverluste gegenüber der Anströmung.

Das oberste Diagramm zeigt den Verlauf von C_{pt2} für eine Spaltweite von $\tau = 0\,\text{mm}$. Sein Messbereich ist etwas kleiner, da nur die Abströmung der Messschaufel 2 erfasst wird. Dies ist ausreichend, da eine Unterscheidung der Fälle mit und ohne passive Einblasung aufgrund des nicht vorhandenen Spaltes nicht notwendig ist. Dennoch sind sowohl Druckverluste hervorgerufen durch die Messschaufel 1, als auch die Druckverluste hervorgerufen durch die Messschaufel 2 erkennbar. Sie unterteilen das Messfeld in drei Teile und bilden somit den saugseitigen Schaufelkanal der Messschaufel 2 komplett ab.

Der Totaldruckkoeffizient nimmt Werte in einem Bereich von $-4,19 \leq C_{pt2} \leq 0,08$ an. Die größten Druckverluste aufgrund der Schaufelprofile

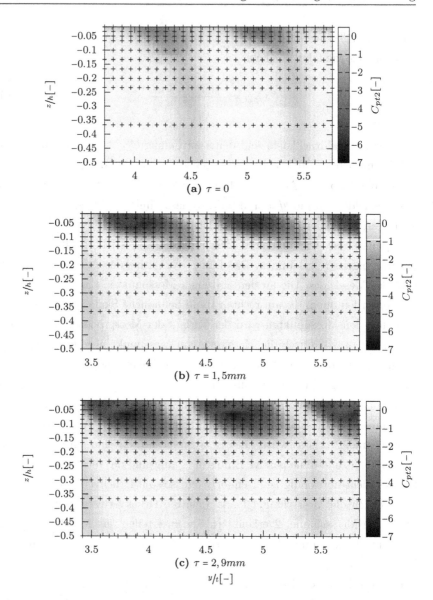

Abbildung 4.9.: Totaldruckkoeffizient der Abströmung C_{pt2} für verschiedene Spaltweiten τ

treten in den Bereichen von $4 \leq y/t \leq 4,5$ und $4,9 \leq y/t \leq 5,4$, sowie $-0,1 \leq z/h \leq -0,016$ auf. Das entspricht einer Position am Deckel der Testsektion. Sie erreichen ihr Maximum bei $y/t = 5,1$ und $z/h = -0,016$. Die Gebiete maximalen Druckverlustes gehen in zwei schmale Bereiche mit Werten von $C_{pt2} = -1$ über, die sich entlang $y/t = 4,5$ und $5,5$ bis zur halben Schaufelhöhe $z/h = 0,5$ ausdehnen.

Der Verlauf von C_{pt2} für eine Spaltweite von $\tau = 1,5\,\text{mm}$ ist im zweiten Diagramm von oben dargestellt. Der Messbereich entlang der y/t-Achse ist größer gewählt, um die Abströmung beider Messchaufeln zu erfassen. Durch den größeren Messbereich ist die Periodizität der Kaskadenströmung nun klar erkennbar. Am rechten Rand des Messfeldes sind bereits die Auswirkungen der rechts von der Messschaufel 2 positionierten Schaufel zu erkennen. Im Rahmen dieser Messung treten auch die ersten Messausfälle auf, die an den fehlenden Kreuzen im Messfeld zu erkennen sind. Die Werte von C_{pt2} liegen in einem Bereich von $-5,88 \leq C_{pt2} \leq 0,03$ und erreichen somit im Vergleich mit den Werten ohne Spalt höhere Druckverluste.

Die durch die Messschaufel 1 hervorgerufenen Druckverluste liegen in dem Bereich von $3,4 \leq y/t \leq 4,6$. Die Druckverluste im Bereich $3,9 \leq y/t \leq 5,6$ werden durch die Messchaufel 2 mit passiver Einblasung hervorgerufen. Die Gebiete größten Druckverlustes zeigen sich gegenüber dem Fall ohne Spalt vergrößert und um einen Wert von $y/t = -0,1$ verschoben. Dennoch bleiben die im Fall ohne Spalt auftretenden Bereiche größeren Druckverlustes auch bei einer Spaltweite von $\tau = 1,5\,\text{mm}$ erhalten. Sie werden jedoch von den neu hinzu kommenden Druckverlusten überlagert. Die lang gestreckten Bereiche mit einem etwas geringeren Druckverlust von etwa $C_{pt2} = -1$ zeigen sich im Vergleich mit $\tau = 0\,\text{mm}$ nicht verschoben, jedoch leicht aufgeweitet. Gemessen an den Druckverlusten ohne Spalt zeigt sich somit insgesamt ein Anstieg der Druckverluste im Messfeld. Ein eindeutiger Unterschied zwi-

schen den Druckverlusten hervorgerufen durch die Messchaufel 1 und die
Messschaufel 2 mit passiver Einblasung ist hier zunächst nicht zu erkennen.

Für eine Spaltweite von $\tau = 2{,}9\,\text{mm}$ entspricht der Messbereich dem der
Messung für eine Spaltweite $\tau = 1{,}5\,\text{mm}$. Auch hier kann die Periodizität der
Druckverluste über die zwei vermessenen Schaufelteilungen hinweg klar festgestellt werden. C_{pt2} nimmt Werte in einem Bereich von $-6{,}26 \leq C_{pt2} \leq 0{,}03$
an, die somit im Vergleich zu $\tau = 1{,}5$ erneut einen lokalen Anstieg des
Druckverlustes zeigen. Auch die Bereiche, in denen höhere Druckverluste
auftreten, haben sich gegenüber $\tau = 1{,}5\,\text{mm}$ vergrößert und erneut um einen
Wert von $-0{,}15$ in Richtung der y/t-Achse verschoben. Zwar ist auch hier die
grundlegende Struktur der größeren Druckverluste bei einer Spaltweite von
$\tau = 0\,\text{mm}$ noch erkennbar, doch sind sie von den dominanteren hinzukom-
menden Druckverlusten in ihrer Position und Ausprägung beeinflusst. Dies
resultiert im Wesentlichen aus der Aufweitung der Bereiche großen Druckverlustes über eine Schaufelteilung t bei einer Spaltweite von $\tau = 2{,}9\,\text{mm}$.
Der ohne Spalt auftretende Druckverlust der Messschaufel 1 wird demnach
nicht nur durch den aufgrund der Spaltweite von $\tau = 2{,}9\,\text{mm}$ zusätzlich hervorgerufenen Druckverlust überlagert, sondern auch von dem Druckverlust,
der durch die Messschaufel 2 hervorgerufen wird, verdrängt. Dieses Phänomen ist bereits bei einer Spaltweite von $1{,}5\,\text{mm}$ erkennbar, jedoch nicht so
stark ausgeprägt wie bei der Spaltweite von $2{,}9\,\text{mm}$. Ein eindeutiger Unterschied zwischen den Druckverlusten hervorgerufen durch die Messchaufel 1
und die Messschaufel 2 mit passiver Einblasung ist auch hier zunächst nicht
zu erkennen.

Betrachtet man die Ergebnisse für alle drei Spaltweiten, so vergrößert sich
der Totaldruckverlust sowohl in seiner Ausdehnung als auch in seinem Betrag mit zunehmender Spaltweite τ. Dies ist insbesondere auf die Bereiche
großen Druckverlustes im saugseitigen Bereich der Schaufelprofile nah am

Deckel der Testsektion zurückzuführen. Ein Unterschied des Totaldruckverlustes aufgrund der passiven Einblasung ist zunächst nicht zu erkennen.

Der statische Druck im Messpunkt Δp_s wird ebenfalls über die Fünflochsonde erfasst. Die Definition des auf die Anströmung bezogenen statischen Druckkoeffizienten C_{ps2} erfolgt analog zum Totaldruckkoeffizienten C_{pt2} und führt auf die folgende Gleichung:

$$C_{ps2} = \frac{C_{ps2,r} - C_{ps1,r}}{\left(\frac{\overline{\overline{c_{1,cl}}}}{\overline{c_{1,r}}}\right)^2} \tag{4.17}$$

Die Druckkoeffizienten $C_{ps2,r}$ und $C_{ps1,r}$ sind hierbei wie folgt definiert:

$$C_{ps1,r} = \frac{\overline{\overline{\Delta p_{s1,cl}}} - \overline{\Delta p_{s1,r}}}{\frac{\rho_1}{2} c_{1,r}^2} \tag{4.18}$$

$$C_{ps2,r} = \frac{\Delta p_{s2} - \overline{\Delta p_{s1,r}}}{\frac{\rho_1}{2} c_{1,r}^2} \tag{4.19}$$

Der Druck Δp_{s2} und die Geschwindigkeit $c_{1,r}$ werden auf der Basis der Messreihe ermittelt, für die der Druckkoeffizienten $C_{ps1,r}$ oder $C_{ps2,r}$ gebildet wird. Er ist in Abbildung 4.10 auf der nächsten Seite für die vermessenen Spaltweiten dargestellt. Der Aufbau der Diagramme entspricht denen des Totaldruckkoeffizienten. Die Wertebereiche von $-5,60 \le C_{pt2} \le -4,94$, $-5,48 \le C_{pt2} \le -4,27$ und $-5,06 \le C_{pt2} \le -4,39$ für die Spaltweiten $\tau = 00\,\mathrm{mm}$, $\tau = 01{,}5\,\mathrm{mm}$ und $\tau = 02{,}9\,\mathrm{mm}$ haben einen geringeren Umfang als die der Totaldruckkoeffizienten Weiterhin liegt in allen Bereichen des Messfeldes ein Verlust an statischem Druck gegenüber der Anströmung vor. Abweichend vom Totaldruckkoeffizienten zeigt das Vorzeichen des statischen Druckkoeffizienten einen umgekehrten Verlauf. Es liegt an Stellen mit geringem Totaldruckverlust ein erhöhter statischer Druckverlust vor

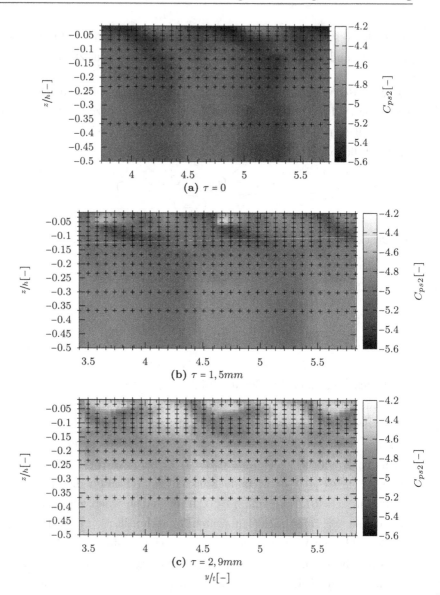

Abbildung 4.10.: Statischer Druckkoeffizient der Abströmung C_{ps2} für verschiedene Spaltweiten τ

und umgekehrt. Es zeigen sich qualitativ mit dem Totaldruckkoeffizienten übereinstimmende Muster, die sich jedoch im Bereich $-0,5 \leq {}^z/_h \leq -0,1$ wesentlich weiter in den druckseitigen Schaufelkanal ausweiten.

Betrachtet man die Entwicklung des statischen Druckverlustes in Abhängigkeit von der Spaltweite, so nimmt dieser mit zunehmender Spaltweite gegenüber der Anströmung ab.

Eine weitere lokale Größe stellt die Richtung der Abströmung dar. Da die Position der Fünflochsonde relativ zur Testsektion und die Strömungsrichtung relativ zur Fünflochsonde bekannt sind, kann in einem weiteren Schritt für jeden Messpunkt die lokale Strömungsrichtung hinter der Kaskade relativ zur Testsektion ermittelt werden. Sie wird durch die Winkel α und β beschrieben, die sich aus den bekannten Größen α_r, $\Delta\alpha$ und Δ_β wie folgt ergeben [3][13]:

$$\alpha = \alpha_r - \Delta\alpha \qquad (4.20)$$

$$\beta = \Delta\beta \qquad (4.21)$$

Der Winkel α liegt in der xy-Ebene und setzt sich aus dem Gierwinkel $\Delta\alpha$ und dem Winkel der Fünflochsonde relativ zur Testsektion α_{ref} zusammen. $\Delta\alpha$ und α_r liegen ebenfalls in der xy-Ebene. Da die xy-Ebene der Testsektion und die $x_s y_s$-Ebene der Fünflochsonde immer deckungsgleich sind, entspricht der durch die Fünflochsonde ermittelte Nickwinkel $\Delta\beta$ dem Winkel β. Der Abströmwinkel α ist in Abbildung 4.11 auf der nächsten Seite für die vermessenen Spaltweiten dargestellt. Die Diagramme für den Abströmwinkel α haben im wesentlichen den gleichen Aufbau wie die bereits betrachteten. Aufgrund der großen Veränderung des Wertebereiches von α mit Spalt gegenüber α ohne Spalt, wird der Wertebereich der Farbskala für den Fall ohne Spalt angepasst. Auch hier kann die Struktur der Diagramme grundsätzlich in drei Bereiche unterteilt werden. Der linke Bereich kann der

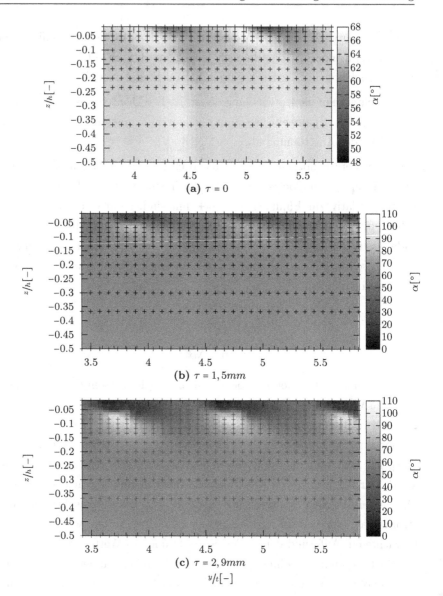

Abbildung 4.11.: Abströmwinkel α für verschiedene Spaltweiten τ

Messschaufel 1 zugeordnet werden. Der mittlere Bereich zeigt die Auswirkungen der Messschaufel 2 auf den Abströmwinkel α. Der dritte Bereich wird durch das rechts von der Messschaufel 2 positionierte Schaufelprofil hervorgerufen.

Für die Spaltweite $\tau = 0\,\text{mm}$ bewegt sich der Abströmwinkel α in einem Bereich von $50° \leq \alpha \leq 67°$. Abströmwinkel mit minimalen Werten von $50°$ sind in den Bereichen von $4,15 \leq y/t \leq 4,5$, $5,1 \leq y/t \leq 5,5$ und $-0,03 \leq z/h \leq -0,016$ zu finden. Diese Bereiche breiten sich bei leicht zunehmendem α in einem Bogen nach schräg rechts unten aus bis z/h Werte von ungefähr $-0,2$ erreicht werden. Ab hier zeigen sich zwei schmale Streifen mit einem annähernd konstanten α-Wert von $64°$ entlang der y/t-Werte von $4,6$ und $5,6$, bis zur halben Schaufelhöhe $z/h = 0,5$. Ausgehend von diesem schmalen Streifen nimmt α in positiver Richtung der y/t-Achse über den Bereich von $-0,5 \leq z/h \leq -0,2$ gleichbleibend zu und erreicht bei den Werten $y/t = 4,4$ und $y/t = 5,4$ sein Maximum von $67°$. Dieses Maximum erstreckt sich parallel zu den leicht niedrigeren Werten bei $y/t = 4,6$ und $y/t = 5,6$ und erreicht dem bereits beschriebenen Bogen folgend $z/h = -0,016$. Die schmalen Streifen minimaler und maximaler Abströmwinkel liegen auf der linken und rechten Seite des in Abbildung 4.11a auf der vorherigen Seite gezeigten Totaldruckverlustes, der sich vertikal entlang der Werte $y/t = 4,5$ und $y/t = 5,5$ ausbreitet.

Betrachtet man den Abströmwinkel α für eine Spaltweite von $\tau = 1,5\,\text{mm}$, so zeigt sich gegenüber $\tau = 0\,\text{mm}$ ein wesentlich größerer Wertebereich von $17° \leq \alpha \leq 89°$. Die Bereiche minimaler Winkel sind gegenüber der Spaltweite $\tau = 0\,\text{mm}$ in Richtung der negativen y/t verschoben und liegen in einem Bereich von $3,7 \leq y/t \leq 4,2$, $4,7 \leq y/t \leq 5,2$ und $-0,05 \leq z/h \leq -0,016$. Ihre Ausdehnung gegenüber $\tau = 0\,\text{mm}$ nimmt zu. Sie breiten sich unter der Zunahme von α entlang der y/t-Achse in positiver Richtung aus, bis sie auf den nächsten Bereich minimaler Winkel treffen. Direkt unterhalb der Bereiche mit minimaler Abströmwinkel liegen die maximalen Abströmwinkel α. Gemessen an der Ausdehnung der minimalen Werte gleicher Spaltweite nehmen sie in etwa die gleiche Fläche ein. Der für die Spaltweite $\tau = 0\,\text{mm}$ beschriebene Bogen ist auch hier im Ansatz zu erkennen, wird jedoch durch den größeren Wertebereich der Skala nicht aufgelöst. Es zeigt sich, wie auch beim Totaldruckkoeffizienten, eine Überlagerung der Werte des Abströmwinkels der Spaltweite $\tau = 0\,\text{mm}$ durch die bei der Spaltweite $\tau = 1,5\,\text{mm}$ entstehenden Strömungsstrukturen. Ebenfalls zeigt sich die Beeinflussung der durch eine Schaufel hervorgerufenen Strömungsstruktur durch die Strömungsstruktur der rechten Nachbarschaufel. Ein Unterschied zwischen den Abströmwinkeln der Messschaufel 1 und der Messschaufel 2 durch die passive Einblasung ist zunächst nicht eindeutig auszumachen.

Die Aussagen bezüglich α für eine Spaltweite von $\tau = 1,5\,\text{mm}$ können qualitativ auf die Spaltweite $\tau = 2,9\,\text{mm}$ übertragen werden. Abweichend zu $\tau = 1,5\,\text{mm}$ vergrößert sich der Wertebereich für α von $3° \leq \alpha \leq 101°$ für die Spaltweite von $\tau = 2,9\,\text{mm}$ erneut. Die Bereiche minimaler und maximaler Abströmwinkel zeigen sich vergrößert und in Richtung der negativen y/t-Achse verschoben. Ebenfalls hat die Beeinflussung der Abströmfelder einzelner Schaufeln durch das Abströmfeld der rechten Nachbarschaufel zugenommen. Auch hier ist ein Unterschied zwischen den Abströmwinkeln der Messschaufel 1 und der Messschaufel 2 durch die passive Einblasung zunächst nicht eindeutig auszumachen.

Die Betrachtung des Abströmwinkels α über alle Spaltweiten hinweg zeigt eine Vergrößerung des Wertebereichs von α mit zunehmender Spaltweite τ. Insbesondere fällt hier der Fall für eine Spaltweite von $\tau = 0\,\text{mm}$ durch einen wesentlich geringeren Wertebereich auf. Ebenfalls lässt sich mit zunehmender Spaltweite eine Vergrößerung der Bereiche minimaler und maximaler Werte für α ausmachen. Extreme Werte des Abströmwinkels zeigen sich als saugseitiges Phänomen am oberen Rand des Messfeldes, wobei insbesondere für die Fälle mit Spalt die Bereiche minimaler Abströmwinkel oberhalb der Bereiche maximaler Abströmwinkel liegen.

Der zweite zur vollständigen Definition der Abströmrichtung benötigte Winkel β ist in Abbildung 4.12 auf Seite 75 als lokale Größe dargestellt. Auch hier wird aufgrund der großen Veränderung des Wertebereiches von β mit Spalt gegenüber ohne Spalt die Farbskala in ihrem Wertebereich angepasst.

Für eine Spaltweite von $\tau = 0\,\text{mm}$ zeigt der Wertebereich für den Abströmwinkel β einen Umfang von $-2° \leq \beta \leq 16°$. Es fällt die geringere Abweichung von β vom arithmetischen Mittelwert in den negativen Bereich auf. Maximale Werte für β sind in den Bereichen $5,0 \leq y/t \leq 5,5$, $4,2 \leq y/t \leq 4,6$ sowie $-0,1 \leq z/h \leq -0,016$ erkennbar. Weiterhin zeigt sich ein schmaler Streifen am oberen Rand des Messfeldes mit einer Ausdehnung von ungefähr $z/h = 0,02$, der sich über die gesamte Länge der y/t-Achse erstreckt. In diesem Streifen werden ebenfalls Werte von $16°$ erreicht. Auch hier ist die Ausbreitung der positiven Winkel entlang eines Bogens nach dem gleichen Muster wie bereits bei dem Abströmwinkel α zu beobachten. Die Bereiche minimaler β-Werte liegen zwischen den Bereichen maximaler Werte, sind jedoch in der oberen Hälfte des Messfeldes wesentlich geringer in ihrer Ausdehnung. Ebenfalls zeigt sich die Andeutung von Umschlagpunkten in der unteren Hälfte des Messfeldes bei $y/t = 4,5$ und $y/t = 5,5$.

Bei einer Spaltweite von $\tau = 1,5\,\text{mm}$ vergrößert sich der Wertebereich von β gegenüber $\tau = 0\,\text{mm}$ auf $-64° \leq \beta \leq 82°$. Die geringere Abweichung von β in den negativen Bereich, die bereits bei $\tau = 0\,\text{mm}$ zu erkennen ist, tritt auch hier auf. Die Bereiche maximaler und minimaler Werte für β sind, gemessen am Fall $\tau = 0\,\text{mm}$, in negativer Richtung der y/t-Achse verschoben und weiter ausgedehnt. Die Bereiche liegen nicht mehr, wie im Fall $\tau = 0\,\text{mm}$, horizontal nebeneinander. Der Bereich positiven Abströmwinkels hat sich schräg unter den Bereich minimalen Anströmwinkels geschoben.

Der Wertebereich von β für eine Spaltweite von $\tau = 2{,}9\,\text{mm}$ hat einen Umfang von $-89° \leq \beta \leq 88°$. Gegenüber einer Spaltweite von $\tau = 1{,}5\,\text{mm}$ ist der Wertebereich leicht gewachsen. Eine stärkere Abweichung in den negativen Bereich ist nicht zu erkennen. Die Bereiche minimaler und maximaler Winkel zeigen sich in ihrem Berührungspunkt nicht mehr klar voneinander getrennt, sondern ineinander verschlungen. Dennoch liegt der größte Bereich minimaler Abströmwinkel für jede der drei auftretenden Strukturen links oberhalb des Bereiches mit maximalem Abströmwinkel.

Insgesamt nimmt der Abströmwinkel β mit steigender Spaltweite τ in seiner Intensität zu. Die Bereiche minimaler und maximaler Abströmwinkel dehnen sich mit zunehmender Spaltweite aus und zeigen bei einer Spaltweite von $\tau = 2{,}9\,\text{mm}$ ein ineinander verschlungenes Bild. Es findet eine Verschiebung der Bereiche extremer Abströmwinkel in negativer Richtung der y/t-Achse statt. Für die Fälle $\tau = 0\,\text{mm}$ zeigt sich der Wertebereich ausgehend von null Grad in den positiven Bereich verschoben. Dieser Effekt nimmt jedoch bei einer Spaltweite von $\tau = 1{,}5\,\text{mm}$ ab und verschwindet bei einer Spaltweite von $\tau = 2{,}9\,\text{mm}$ ganz.

Ausgehend von den durch die Fünflochsonde erfassten Drücken Δp_{t2} und Δp_{s2} lässt sich unter der Annahme einer adiabaten Strömung über die Kaskade der Betrag der Abströmgeschwindigkeit c_2 wie folgt berechnen:

$$c_2 = \sqrt{\frac{2 \cdot (\Delta p_{t2} - \Delta p_{s2})}{\rho}} = \sqrt{\frac{2 \cdot (\Delta p_{t2} - \Delta p_{s2}) \cdot T_1 \cdot R}{p_u}} \qquad (4.22)$$

Die lokale auf die Anströmgeschwindigkeit $\overline{c_{1,cl}}$ bezogene Abströmgeschwindigkeit $c_{2,b}$ kann definiert werden durch:

$$c_{2,b} = \frac{\dfrac{c_2}{c_{1,r}}}{\dfrac{\overline{c_{1,cl}}}{c_{1,r}}} \qquad (4.23)$$

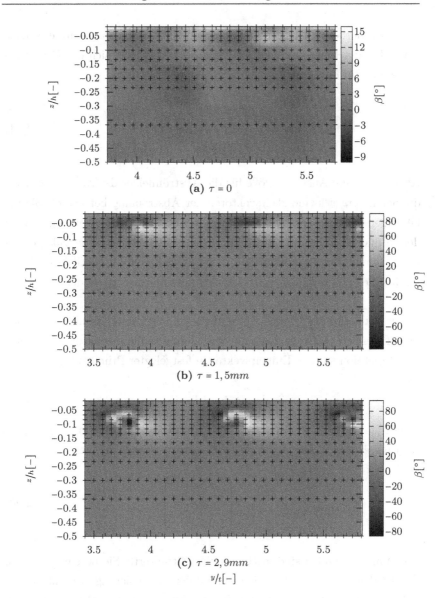

Abbildung 4.12.: Abströmwinkel β für verschiedene Spaltweiten τ

$c_{1,r}$ wird hierbei für die beiden verglichenen Messreihen einzeln berechnet. Unter Hinzunehmen der Abströmwinkel α und β lässt sich der Geschwindigkeitsvektor $\vec{c}_2$ in kartesischen Koordinaten darstellen:

$$\vec{c}_2 = c_2 \cdot \begin{pmatrix} \cos\alpha\cos\beta \\ \sin\alpha\cos\beta \\ \sin\beta \end{pmatrix} = \begin{pmatrix} c_{2x} \\ c_{2y} \\ c_{2z} \end{pmatrix} \qquad (4.24)$$

Als eine weitere Auswertegröße für die Abströmfelder der Kaskade werden die Sekundärgeschwindigkeitsvektoren der Abströmung betrachtet. Sie geben einen Überblick über die Geschwindigkeitsanteile der Strömung entlang der y/t und z/h-Achse im Messpunkt bezogen auf eine zuvor festgelegte Primärströmungsrichtung. Somit kann das Abströmfeld hinsichtlich der Lage, Größe und Intensität von Wirbelstrukturen interpretiert werden.

Der Sekundärgeschwindigkeitsvektor $\vec{c}_{2,sek,P}$ in Primärströmungsrichtung ist definiert als Differenz zwischen dem Geschwindigkeitsvektor $\vec{c}_2$ und dessen Projektion auf den Einheitsvektor in festgelegter Primärströmungsrichtung $\vec{e}_P$:

$$\vec{c}_{2,sek,P} = \vec{c}_2 - (\vec{c}_2 \cdot \vec{e}_P) \cdot \vec{e}_P \qquad (4.25)$$

Die Primärströmungsrichtung - oder der Einheitsvektor in Primärströmungsrichtung $\vec{e}_P$ - wird hier durch den folgenden Ausdruck definiert:

$$\vec{e}_P = \begin{pmatrix} \cos\widehat{\alpha}\cos\widehat{\beta} \\ \sin\widehat{\alpha}\cos\widehat{\beta} \\ \sin\widehat{\beta} \end{pmatrix} \qquad (4.26)$$

Die Winkel $\widehat{\alpha}$ und $\widehat{\beta}$ sind arithmetische Mittelwerte. Sie beschränken sich auf die Werte von α und β, die während der Traversierung in Richtung der y-Achse auf halber Schaufelhöhe $z/h = 0,5$ für die jeweilige Messreihe erfasst werden. Abschließend erfolgt die Projektion des Sekundärgeschwindigkeits-vektors $\vec{c}_{2,sek,P}$ in die yz-Ebene.

$$\vec{c}_{2,sek} = \begin{pmatrix} 0 & 0 & 0 \\ 0 & 1 & 0 \\ 0 & 0 & 1 \end{pmatrix} \cdot \vec{c}_{2,sek,P} \qquad (4.27)$$

Für den aus der Projektion resultierenden zweidimensionalen Sekundärge-schwindigkeitsvektor $\vec{c}_{2,sek}$ ist eine Darstellung in der Messebene sinnvoll. Abbildung 4.13 auf der nächsten Seite zeigt die Sekundärgeschwindigkeits-felder für die vermessenen Spaltweiten. Für die Spaltweite von $\tau = 0\,\text{mm}$ zeigt sich im Bereich $-0,1 \leq z/h \leq -0,016$ eine Richtung der Strömung aus der oberen Begrenzung des Messfeldes hinaus. Es scheint in diesem Bereich eine konstante Zunahme der Sekundärgeschwindigkeitskomponente in po-sitiver Richtung der z/h-Achse über den gesamten Bereich des Messfeldes entlang der y/t-Achse vorzuliegen. In den Bereichen $4,7 \leq y/t \leq 5,4$ und $3,8 \leq y/t \leq 4,5$ ist eine Abschwächung dieser vorherrschenden Strömungs-richtung zu erkennen.

Im linken Teil der abgeschwächten Bereiche kommt es unterhalb der ersten Messreihe $z/h > -0,016$ zu einer Aufhebung der aufwärts gerichteten Strö-mungsbewegung bis hin zu einer leichten Richtungsumkehrung in der Nähe der Punkte bei $y/t = 4,9$, $y/t = 4,0$ und $z/h = -0,06$. Unter Berücksichtigung der generell aufwärts gerichteten Strömung in diesen Bereichen können die Punkte mit den Koordinaten $y/t = 3,85$, $y/t = 4,7$ und $z/h = -0,05$ als Zentren einer leichten rechtsdrehenden Wirbelbewegung ausgemacht werden.

Ausgehend von diesen Wirbelzentren ist in Richtung der positiven y/t-Achse zunächst die bereits beschriebene leichte Abwärtsbewegung zu er-kennen, die jedoch im weiteren Verlauf wieder in eine Aufwärtsbewegung umschlägt. Die Umschlagpunkte in der Nähe der Koordinaten $y/t = 4,05$,

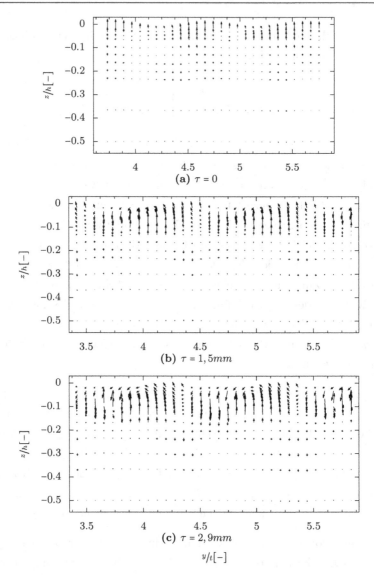

(a) $\tau = 0$

(b) $\tau = 1,5mm$

(c) $\tau = 2,9mm$

$y/t\,[-]$

Abbildung 4.13.: Sekundärgeschwindigkeitsfelder der Abströmung für verschiedenen Spaltweiten τ

$v/t = 5$ und $z/h = -0,05$ können als zweites linksdrehendes Wirbelzentrum identifiziert werden. Es zeigen sich demnach in den Bereichen mit den Koordinaten $4,7 \leq v/t \leq 5,4$, $3,8 \leq v/t \leq 4,5$ und $-0,1 \leq z/h \leq -0,016$ jeweils zwei nebeneinanderliegende gegenläufige Wirbel. Es ist erkennbar, dass die Sekundärgeschwindigkeiten in Richtung des Wirbelzentrums im Betrag kleiner werden. Im unteren Bereich des Messfeldes sind auf den linken Seiten der Koordinaten $v/t = 4,5$ und $v/t = 5,5$ abwärtsgerichtet Strömungen zu erkennen, wohingegen die rechten Seiten ein aufwärts gerichtetes Strömungsfeld zeigen.

Die Spaltweite $\tau = 1,5$ mm zeigt ein gegenüber $\tau = 0$ mm ein grundlegend verändertes Bild. Die Beträge der Sekundärgeschwindigkeitsvektoren haben sich vergrößert. Es sind klar zwei linksdrehende Wirbel erkennbar, deren Zentren in etwa an den Koordinaten $v/t = 3,75$, $v/t = 4,65$ und $z/h = -0,07$ liegen.

Die Wirbelstruktur hervorgerufen durch die Messschaufel 1 geht in etwa an der Stelle $v/t = 4,5$ in die Wirbelstruktur hervorgerufen durch die Messschaufel 2 über. In dem Übergangsgebiet zeigt sich in der ersten obersten Messreihe im Punkt mit den Koordinaten $v/t = 5,63$ und $z/h = -0,016$ ein weiterer Umschlagpunkt, der als Zentrum eines kleinen rechtsdrehenden Wirbels identifiziert werden kann. Ein zweiter kleinerer linksdrehender Wirbel liegt mit seinem Zentrum am Punkt mit den Koordinaten $v/t = 4,45$ und $z/h = -0,13$.

Legt man ein Modell der Sekundärgeschwindigkeiten für einen symmetrischen Wirbel zugrunde, so fällt eine leichte Überhöhung der Sekundärgeschwindigkeitskomponente in positiver Richtung der z/h-Achse gegenüber der Komponente in negativer Richtung der z/h-Achse auf. Im Vergleich zu einem symmetrischen Wirbel erscheint der hier zu sehende in Richtung der z/h-Achse platt gedrückt. Insgesamt sind die Komponenten der Sekundärgeschwindigkeitsvektoren in Richtung der z/h-Achse stärker ausgeprägt als

die Komponenten in Richtung der y/t-Achse. Im unteren Bereich des Messfeldes sind links der Koordinaten $y/t = 4,5$ und $y/t = 5,5$ abwärtsgerichtet
Strömungen zu erkennen, wohingegen rechts keine klare Strömungsrichtung
erkennbar ist.

Das Sekundärgeschwindigkeitsfeld für die Spaltweite $\tau = 2,9\,\text{mm}$ zeigt
qualitativ die gleichen Strukturen wie das der Spaltweite $\tau = 1,5\,\text{mm}$. Im
Unterschied zu einer Spaltweite von $\tau = 1,5\,\text{mm}$ zeigen sich die Zentren
der dominierenden Wirbelstrukturen leicht verschoben in die Punkte mit
den Koordinaten $y/t = 3,7$, $y/t = 4,65$ und $z/h = -0,1$. Die Ausdehnung der
Wirbelgebiete und die Beträge der Sekundärgeschwindigkeitsvektoren sind
gewachsen. Die Gebiete, in denen die Wirbel der Messschaufeln ineinander
übergehen, sind von $y/t = 4,5$ und $y/t = 5,5$ bei $\tau = 1,5\,\text{mm}$ an die Koordinaten $y/t = 4,4$ und $y/t = 5,4$ bei $\tau = 2,9\,\text{mm}$ verschoben. In den Wirbelzentren
zeigen sich dem Hauptdrehsinn des Wirbels entgegengesetzte Sekundärgeschwindigkeitsvektoren, die auf einen kleinen im Zentrum des Hauptwirbels
befindlichen Wirbel schließen lassen. Dieser kleine Wirbel im Zentrum des
Hauptwirbels hat eine dem Hauptwirbel entgegengesetzte Drehrichtung.

Über alle Spaltweiten hinweg lässt sich im Vergleich von $\tau = 0\,\text{mm}$ zu
$\tau = 1,5\,\text{mm}$ erkennen, dass die zwei parallelen und gegenläufig drehen-
den Wirbelstrukturen der Spaltweite $\tau = 0\,\text{mm}$ ersetzt werden durch eine
größere, stärkere und linksdrehende Wirbelstruktur, an deren Rand sich
zwei kleinere Wirbel mit entgegengesetzter Drehrichtung anschmiegen. Für
eine Spaltweite von $\tau = 2,9\,\text{mm}$ zeigt sich verglichen mit der Spaltweite
$\tau = 1,5\,\text{mm}$ eine weitere Vergrößerung der dominanten Wirbelstruktur. Weiterhin zeigt sich im Zentrum des großen Wirbels ein kleiner Wirbel mit
entgegengesetztem Drehsinn. Besonders im Fall $\tau = 0\,\text{mm}$ ist eine Überlagerung des Sekundägesschwindigkeitsfeldes im Bereich von $-0,1 \leq z/h \leq -0,016$
mit einer in positiver Richtung der z/h-Achse kontinuierlich zunehmenden,
aufwärtsgerichteten Sekundärgeschwindigkeitskomponente zu beobachten.

Eine weitere lokale Größe, die die Interpretation des Abströmfeldes hinsichtlich Drehsinn, Lage, Stärke und Ausdehnung von Wirbeln zulässt, ist die Projektion der Vortizität in Primärströmungsrichtung ω_P. Sie wird aus der vektoriellen Größe der Vortizität $\vec{\omega}$ abgeleitet. Das Vortizitätsfeld ist definiert als die Rotation des Geschwindigkeitsvektorfeldes der Abströmung [17, S.23]:

$$\vec{\omega} = \nabla \times \vec{c}_2 = \begin{pmatrix} \frac{\partial c_{2z}}{\partial y} - \frac{\partial c_{2y}}{\partial z} \\ \frac{\partial c_{2x}}{\partial z} - \frac{\partial c_{2z}}{\partial x} \\ \frac{\partial c_{2y}}{\partial x} - \frac{\partial c_{2x}}{\partial y} \end{pmatrix} = \begin{pmatrix} \omega_x \\ \omega_y \\ \omega_z \end{pmatrix} \tag{4.28}$$

ω_x kann direkt aus den Messwerten berechnet werden. Für die Berechnung von ω_y und ω_z wird die partielle Ableitung nach der x-Koordinate verwendet. Die Berechnung der partiellen Ableitung nach x ist auf der Basis der Messdaten nicht möglich, da keine Messdaten für eine veränderliche x-Koordinate vorliegen. Yaras und Sjolander [35] entwickeln die folgenden Gleichungen zur Berechnung der y und z-Komponenten der Vortizität:

$$\omega_y = \frac{1}{c_{2x}} \cdot \left(\frac{1}{\rho} \frac{\partial p_{t2}}{\partial z} + c_{2y}\omega_x \right) \tag{4.29}$$

$$\omega_z = \frac{1}{c_{2x}} \cdot \left(c_{2z}\omega_x - \frac{1}{\rho} \frac{\partial p_{t2}}{\partial y} \right) \tag{4.30}$$

Die partiellen Ableitungen werden numerisch über den Differenzenquotienten ermittelt. Am linken und oberen Rand des Messfeldes wird der Differenzenquotient im Messpunkt mit dem folgenden Messwert gebildet. Am rechten und am unteren Rand des Messfeldes wird der Differenzenquotient im Messpunkt mit dem vorherigen Messwert gebildet. Für die Messwerte, die auf beiden Seiten einen benachbarten Messpunkt aufweisen, werden beide bereits genannten Differenzenquotienten gebildet und arithmetisch gemittelt. Die Berechnung des arithmetischen Mittelwertes führt zu einer

Glättung der berechneten Ableitungen und ermöglicht ein besseres Erfassen der Steigung in Punkten lokaler Minima und Maxima der Messwerte. Näheres hierzu geht aus dem im Anhang unter Abschnitt A auf Seite 117 gezeigten Octave Quellcode für die Abströmung hervor. Abschließend erfolgt die Betrachtung der auf den Einheitsvektor in Primärströmungrichtung $\vec{e}_P$ projizierten Vortizität ω_P. Der Einheitsvektor der Primärströmungsrichtung $\vec{e}_P$ ist definiert nach Gleichung (4.26) auf Seite 76. Die vektorielle Größe $\vec{\omega}$ wird so nach der folgenden Gleichung zu der dimensionslosen, vorzeichenbehafteten und skalaren Größe ω_P [3, 13]:

$$\omega_P = (\vec{\omega} \cdot \vec{e}_P) \cdot \frac{s}{\overline{\overline{c_{1,cl}}}} \tag{4.31}$$

Der Term $s/\overline{\overline{c_{1,cl}}}$ trägt zur Dimensionslosigkeit von ω_P bei. Abbildung 4.14 auf der nächsten Seite zeigt die die dimensionslose Vortizität in Primärströmungsrichtung ω_P für die vermessenen Spaltweiten. ω_P kann interpretiert werden als das Bestreben eines kleinen Teilchens, sich um seinen Massenschwerpunkt zu drehen. Die Drehung erfolgt dabei um die Achse der Primärströmungsrichtung und wird durch den Gradienten der am Teilchen angreifenden Geschwindigkeiten hervorgerufen. Je größer der Betrag von $\vec{\omega}_P$ ist, desto größer ist das Bestreben eines Teilchens sich zu drehen. Positive Werte entsprechen einem mathematisch positiven Drehsinn (hier linksdrehend), negative Werte einem mathematisch negativen Drehsinn (hier rechtsdrehend). Nimmt ω_P den Wert Null an, liegt kein Bestreben zur Drehung vor. In Bezug auf einen Wirbel mit einem festgelegten Drehsinn weisen maximale Werte von ω_P auf ein Wirbelzentrum hin. Der Betrag von ω_P kann als Wirbelintensität aufgefasst werden. Da ω_P auf Ableitungen von gemessenen Größen basiert, ist ω_P mit Vorsicht zu interpretieren. Lokale Messwertschwankungen können zu einem Vorzeichenwechsel der Ableitungswerte führen, der nicht mit dem globalen Verlauf der gemessenen Größe überein-

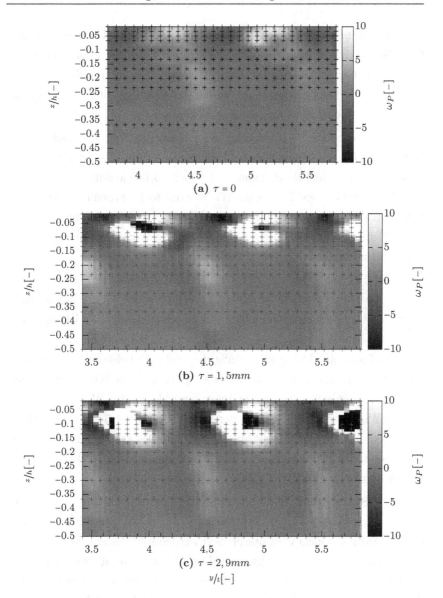

Abbildung 4.14.: Dimensionslose Vortizität ω_P für verschiedene Spaltweiten τ

stimmt. Durch den gemittelten Differenzenquotienten wird zwar eine Dämpfung dieses Effektes im betrachteten Messpunkt unter Berücksichtigung der zwei benachbarten Messpunkte erreicht, dennoch kann er insbesondere in den Randbereichen des Messfeldes, wo nur der einseitige Differenzenquotient Anwendung findet, nicht ausgeschlossen werden.

Für die Spaltweite $\tau = 0\,\text{mm}$ zeigt sich ein mit den Sekundärgeschwindigkeitsfeldern übereinstimmendes Bild. Es zeigen sich im Abströmbereich der Messschaufeln in dem Bereich von $-0,1 \leq z/h \leq -0,016$ jeweils zwei gegenläufige Wirbelstrukturen. Die rechte Wirbelstruktur ist gegenüber der linken Wirbelstruktur intensiver. Entlang der Koordinaten $y/t = 4,5$ und $y/t = 5,5$ ist in Richtung der z/h-Achse eine linksdrehende Wirbelstruktur geringerer Intensität zu erkennen.

Das Bild für die Spaltweite von $\tau = 1,5\,\text{mm}$ wird dominiert durch die stark ausgeprägte linksdrehende Wirbelstruktur, die bereits bei der Betrachtung der Sekundärgeschwindigkeiten identifiziert werden konnte. Im Übergangbereich zwischen den stark linksdrehenden Wirbeln hat sich am oberen Rand des Messfeldes eine kleine gegenläufig drehende Wirbelstruktur entwickelt. Im rechten unteren Bereich des großen linksdrehenden Wirbels der Messschaufel 1 zeigt sich eine aus der Interaktion des großen Wirbels mit den kleinen Wirbelstrukturen entlang der Koordinate $y/t = 4,5$ entstehende kleine rechtsdrehende Wirbelstruktur. Im Zentrum des großen linksdrehenden Wirbels ist eine sehr kleine, aber intensive und zum Hauptwirbel gegenläufige Struktur erkennbar.

Für die Spaltweite $\tau = 2,9\,\text{mm}$ zeigt nur das Abströmfeld der Messschaufel 2 ein Bild, welches unter Berücksichtigung der hohen Anzahl an Punkten ohne Wert für ω_P nicht überinterpretiert werden sollte. Klar erkennbar zeigt sich erneut die dominante linksdrehende Wirbelstruktur, die sich gegenüber einer Spaltweite von $\tau = 1,5\,\text{mm}$ weiter ausgedehnt hat. Zwischen den linksdrehenden Hauptwirbelstrukturen von Messschaufel 1 und Messschaufel 2 zeigt sich auch hier eine im Vergleich mit der Spaltweite τ = 1,5 mm intensivere, dem Hauptwirbel gegenläufige Wirbelstruktur. Ebenfalls ist der kleine, aber intensive rechtsdrehende Wirbel im Zentrum der Hauptwirbels erkennbar. Er spaltet den Hauptwirbel in zwei kleine Wirbelsysteme

Über die Spaltweiten hinweg zeigt sich eine Intensivierung und Ausdehnung der Wirbelstrukturen mit steigender Spaltweite. Die Wirbelzentren verschieben sich mit steigender Spaltweite in Richtung der negativen y/t-Achse. In allen drei Fällen sind kleinere linksdrehende Wirbelstrukturen entlang der Koordinaten y/t = 4,5 und y/t = 5,5 zu erkennen.

Betrachtet man die Ergebnisse der lokalen Auswertung des Kaskadenabströmfeldes im Zusammenhang, so werden die Lage und die Entwickelung der auftretenden Wirbelstrukturen im Vergleich mit dem in Abbildung 2.3 auf Seite 10 gezeigten allgemeinen Wirbelmodell erkennbar. Insbesondere die Auswirkungen der Wirbelstrukturen auf den Druckverlust werden deutlich. Von den zwei gegenläufigen Wirbelstrukturen einer Messschaufel für den Fall τ = 0 mm lässt sich die linke rechtsdrehende Wirbelstruktur aufgrund ihres Drehsinns und ihrer Lage nah zur Druckseite der Messschaufel als Kanalwirbel identifizieren. Die rechte Wirbelstruktur ist für den saugseitigen Ast des Eckenwirbels im Vergleich mit dem Wirbelmodell und dem Kanalwirbel etwas zu groß und intensiv. Eventuell tritt trotz der Spaltweite τ = 0 mm ein kleiner Leckagestrom über den Schaufelkopf von der Druckseite der Schaufel zu ihrer Saugseite auf und erzeugt bereits einen kleinen Spaltwirbel. Dies kann durchaus sein. Zwar wurden die Schaufeln möglichst genau in ihrer Länge an die Höhe der Testektion ohne Spalt angepasst, dennoch sind sie nicht mit dem Deckel der Testsektion verschraubt, sondern nur mit dem Boden. Dieser Effekt tritt lediglich bei der Messchaufel 2 auf und ist auf die nicht exakt identische Form der Messschaufelköpfe zurückzuführen.

Die Überlagerung des Sekundärgeschwindigkeitsfeldes mit einer stetig ansteigenden, aufwärts gerichteten Komponente ist auf die Aufweitung des

Freistrahls hinter der Testsetkion zurückzuführen. Es ist davon auszuge-
hen, dass die Aufweitung des Freistrahls als konstante Beeinflussung auf
alle Messreihen gleich wirkt. Sie ist daher als systematische Abweichung
zu vernachlässigen. Entlang der Schaufelhinterkanten zeigen sich die Hinterkantenwirbel. Das Zentrum des Totaldruckverlustes liegt im Bereich des
intensiveren rechten Wirbels, der als Hufeisenwirbel betrachtet werden kann
und breitet sich mit geringeren Beträgen im Bereich der Hinterkantenwirbel
weiter aus. Der Kanalwirbel führt im Vergleich zu keinem nennenswerten
Druckverlust.

Für die Spaltweite τ = 1,5 mm ist die dominante linksdrehende Wirbelstruktur klar als Spaltwirbel zu erkennen; er verdrängt den Kanalwirbel in
Richtung der negativen y/t-Achse. Der Spaltwirbel deckt sich mit dem Ge-
biet größten Totaldruckverlustes, wohingegen die kleineren rechtsdrehenden
Wirbel am Rand des Spaltwirbels und die Schaufelhinterkantenwirbel in geringerem Maße zum Druckverlust beitragen.

Auch für den Fall einer Spaltweite von τ = 2,9 mm ist der Spaltwirbel die
dominante Wirbelstruktur und für einen großen Anteil der Totaldruckverluste verantwortlich. Auch hier wird der Kanalwirbel in negativer Richtung
der y/t-Achse verdrängt. Die kleineren rechtsdrehenden Wirbelstrukturen sowie die Schaufelhinterkantenwirbel decken sich mit den Flächen geringeren
Totaldruckverlustes.

Ab einer Spaltweite von τ = 1,5 mm zeigen sich Wechselwirkungen in
den Abströmfeldern von Messschaufel 1 und Messschaufel 2 die bei einer
Spaltweite von τ = 2,9 mm weiter zunehmen. Die Messschaufel 2 mit passiver Einblasung ist zwischen zwei Schaufeln ohne Einblasebohrung positioniert. Ihr Abströmfeld wird demnach beidseitig gleich beeinflusst. Das
Abströmfeld der Messschaufel 1 wird auf der linken Seite durch das Abströmfeld einer Schaufel ohne Einblasebohrung und auf der rechten Seite
durch das Abströmfeld einer Schaufel mit Einblasebohrung beeinflusst. Da

mit steigender Spaltweite eine klare Bewegung der Wirbelsysteme in negativer Richtung der y/t-Achse erkennbar ist, wird der Totaldruckverlust der Messchaufel 2 mit passiver Einblasung durch das Abströmfeld der Schaufel ohne Einblasung leicht erhöht. Für die Totaldruckverluste der Messschaufel 1 zeigen sich hingegen leicht geringere Werte.

Ein Unterschied im Totaldruckverlust und im Aufbau der Wirbelstrukturen zwischen der Abströmung der Messschaufel 2 mit passiver Einblasung und der Messschaufel 1 ist auf der Basis der erfolgten lokalen Auswertung des Abströmfeldes schwer zu erkennen. Daher erfolgt im nächsten Schritt die Datenreduktion der lokalen Messwerte auf teilungsgemittelte Größen.

4.3.2. Teilungsgemittelte Größen der Kaskadenabströmung

Um die Auswirkung der passiven Einblasung auf den Totaldruckverlust der Kaskade durch eine geringere Anzahl an Zahlenwerten ausdrücken zu können, erfolgt die Reduktion des lokalen Totaldruckkoeffizienten der Abströmung C_{pt2} und der bezogenen Abströmgeschwindigkeit $c_{2,b}$ auf eine geringere, repräsentative Anzahl von Werten. Hierzu werden die mit dem lokalen Massenstrom gewogenen Werte zunächst über eine Schaufelteilung gemittelt. Die massenstromgewogene Mittelung erfolgt für den Fall mit passiver Einblasung über einen Bereich von $4,51 \leq y/t \leq 5,52$. Für den Fall ohne passive Einblasung wird über den Bereich von $3,50 \leq y/t \leq 4,51$ gemittelt. In absoluten Koordinaten entspricht das den Bereichen $290\,\text{mm} \leq y \leq 355\,\text{mm}$ und $225\,\text{mm} \leq y \leq 290\,\text{mm}$. Für den Fall ohne Spalt werden die Integrationsgrenzen auf den Bereich von $3,73 \leq y/t \leq 4,74$ festgelegt, der absolut durch die folgenden Werte ausgedrückt wird: $240\,\text{mm} \leq y \leq 305\,\text{mm}$. Er umfasst das Abströmfeld der Messschaufel 1, das unter Berücksichtigung des leichten Spaltwirbels bei Messschaufel 2 eher dem Fall ohne Spalt entspricht. Von unterschiedlichen Anströmbedingungen der Integrationsbereiche wird nicht ausgegangen. Es sei erwähnt, dass die Länge von $65\,\text{mm}$, über die gemittelt

wird um 0,7 mm länger ist als eine Schaufelteilung t = 64,3 mm. Durch die
Mittelung ergibt sich somit ein Wert der jeweiligen Größe pro z-Koordinate.

Der massenstromgewogene und teilungsgemittelte Totaldruckkoeffizient
der Abströmung $\overline{C_{pt2}}$ ist wie folgt definiert:

$$\overline{C_{pt2}} = \frac{\displaystyle\int_{y_1}^{y_2} C_{pt2}\, \frac{c_{2x}}{c_{1,r}}\, \frac{c_{1,r}}{\overline{\overline{c_{1,cl}}}}\, \mathrm{d}y}{\displaystyle\int_{y_1}^{y_2} \frac{c_{2x}}{c_{1,r}}\, \frac{c_{1,r}}{\overline{\overline{c_{1,cl}}}}\, \mathrm{d}y} \tag{4.32}$$

Die Werte für $c_{1,r}$ werden dabei für die Messwerte der Anströmung und der
Abströmung separat gebildet (Vgl. Abschnitt 4.3.1 auf Seite 61). Positive
Werte von C_{pt2} sind physikalisch nicht sinnvoll und beruhen auf Messun-
genauigkeiten und der Schwierigkeit, eine instationäre Strömung stationär
abzubilden. Sie werden daher im Zuge der Integration durch den Wert Null
ersetzt. Die Integration der Messwerte erfolgt numerisch nach dem Trapez-
verfahren. Abbildung 4.15 auf der nächsten Seite zeigt fünf verschiedene Verläufe des teilungsgemittelten Totaldruckkoeffizienten in Abhängigkeit von
z/h für die drei vermessenen Spaltweiten τ. Bei den Spaltweiten τ = 1,5 mm
und τ = 2,9 mm wird zwischen den Fällen mit und ohne passive Einblasung
unterschieden.

Die Totaldruckverluste an der Stelle z/h = −0, 5 zeigen zunehmende Totaldruckverluste mit steigender Spaltweite. Die Werte mit passiver Einblasung
liegen dabei stets unterhalb der Totaldruckverluste ohne passive Einblasung. Im weiteren Verlauf zeigt sich für die Fälle mit Spalt ein fast iden-
tischer Verlauf mit leicht geringer werdendem Totaldruckverlust, bis bei
z/h = −0, 36 eine Aufspaltung der Verläufe in zwei Hauptäste stattfindet.
Die Totaldruckverluste gleicher Spaltweite zeigen bis z/h = −0, 23 einen fast
identischen Verlauf und somit keinen Einfluss der passiven Einblasung in
diesem Bereich. Ab z/h = −0, 23 lässt sich jedoch für eine Spaltweite von
τ = 2,9 mm ein steigender Totaldruckverlust erkennen, der sich bis auf einen

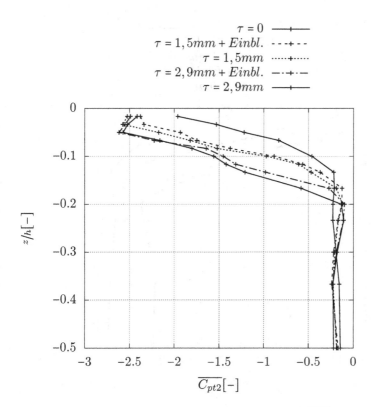

Abbildung 4.15.: Teilungsgemittelter Totaldruckkoeffizient $\overline{C_{pt2}}$

Wert von etwa $\overline{C_{pt2}}$ = $-2{,}6$ bei z/h = $-0{,}05$ fortsetzt, um anschließend bis z/h = $-0{,}016$ wieder leicht auf Werte von $\overline{C_{pt2}}$ = $-2{,}4$ zu fallen. Der Verlauf für die Spaltweite von τ = $2{,}9\,$mm mit passiver Einblasung zeigt im Bereich von $-0{,}23 \leq z/h \leq -0{,}08$ gegenüber dem Verlauf ohne Einblasung einen geringeren Totaldruckverlust. Im darauf folgenden Bereich von $-0{,}08 \leq z/h \leq -0{,}016$ zeigt sich eine leichte Umkehrung dieses Verhaltens. Für die Spaltweite τ = $1{,}5\,$mm ist ein ähnliches Bild bei insgesamt niedrige-

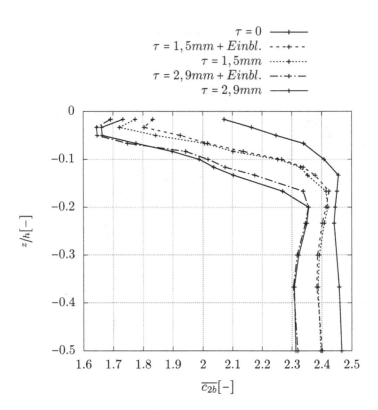

Abbildung 4.16.: Teilungsgemittelte, bezogene Abströmgeschwindigkeit $\overline{c_{2,b}}$

rem Niveau des Totaldruckverlustes erkennbar. Der Totaldruckverlust steigt später als bei einer Spaltweite von τ = 2,9 mm. Der Unterschied zwischen den Fällen mit passiver Einblasung und ohne passive Einblasung zeigt sich zunächst geringer. Im Bereich von $-0,08 \leq z/h \leq -0,016$ ist im Unterschied zur Spaltweite τ = 2,9 mm jedoch weiterhin ein geringerer Totaldruckverlust aufgrund der passiven Einblasung zu erkennen. Der Rückgang des Totaldruckverlustes durch die passive Einblasung zeigt sich im oberen Bereich sogar stärker ausgeprägt.

Die passive Einblasung wirkt sich bei einer Spaltweite von $\tau = 2,9\,\text{mm}$ im Bereich von $-0,23 \leq z/h \leq -0,08$ aus, der im unteren Bereich des Spaltwirbels liegt. Der obere Bereich in der Nähe der Spaltströmung zeigt sogar einen leicht erhöhten Verlust. Bei einer Spaltweite von $\tau = 1,5\,\text{mm}$ führt die passive Einblasung gerade im Bereich des Spaltes zu einer Senkung des Totaldruckverlustes. Im mittleren Bereich fällt der Einfluss der Einblasung bei einer Spaltweite von $\tau = 1,5\,\text{mm}$ im Vergleich zu $\tau = 2,9\,\text{mm}$ eher gering aus.

Der Totaldruckverlust ohne Spalt ist generell geringer als mit Spalt. Lediglich im Bereich von $-0,3 \leq z/h \leq -0,2$ zeigen sich kurzfristig höhere Totaldruckverluste.

Ein positiver Einfluss der passiven Einblasung auf den Totaldruckverlust der Abströmung ist anhand des teilungsgemittelten Totaldruckkoeffizienten der Abströmung $\overline{C_{pt2}}$ bereits für die vermessenen Spaltweiten auszumachen.

Die massenstromgewogene und teilungsgemittelte bezogene Abströmgeschwindigkeit $\overline{c_{2,b}}$ ist wie folgt definiert:

$$\overline{c_{2,b}} = \frac{\displaystyle\int_{y_1}^{y_2} c_{2,b}\, \frac{c_{2x}}{c_{1,r}}\, \frac{c_{1,r}}{\overline{c_{1,cl}}}\, \mathrm{d}y}{\displaystyle\int_{y_1}^{y_2} \frac{c_{2x}}{c_{1,r}}\, \frac{c_{1,r}}{\overline{c_{1,cl}}}\, \mathrm{d}y} \tag{4.33}$$

Sie ist für die vermessenen Spaltweiten mit und ohne passive Einblasung in Abbildung 4.16 auf der vorherigen Seite dargestellt.

Es zeigen sich drei Äste bezogener Abströmgeschwindigkeiten $\overline{c_{2,b}}$, die jeweils einer Spaltweite zugeordnet werden können. Mit steigender Spaltweite ist eine Abnahme der bezogenen Geschwindigkeiten zu erkennen. Die beiden Äste für die Spaltweiten $\tau = 2,9\,\text{mm}$ und $\tau = 1,5\,\text{mm}$ umfassen den Verlauf für die Fälle mit und ohne Einblasung. Es ist ein Geschwindigkeitsgewinn in den Fällen mit passiver Einblasung gegenüber denen ohne auszumachen. Der Geschwindigkeitsgewinn durch die passive Einblasung folgt den gleichen Strukturen wie der bereits betrachtete Totaldruckverlust $\overline{C_{pt2}}$. Die Darstellung des massenstromgewogenen und teilungsgemittelten Abströmwinkels α ist in Abschnitt C auf Seite 143 im Anhang zu finden. Die Definition erfolgt analog zu den bereits betrachteten teilungsgemittelten Werten.

Bei der Betrachtung dieser Werte ist die Wechselwirkung der Abströmfelder einzelner Schaufeln über die gesetzten Intergationsgrenzen hinaus zu berücksichtigen, die die Auswirkungen der passiven Einblasung geringer erscheinen lassen.

4.3.3. Flächengemittelte Größen der Kaskadenabströmung

Im Sinne einer weiteren Reduktion der vorliegenden Messwerte des Abströmfeldes auf einen repräsentativen Wert pro Spaltweite und Fall der Einblasung erfolgt die massenstromgewogene Flächenmittelung. Sie fasst die Messwerte des Abströmfeldes über eine Schaufelteilung t und der halben Schaufelhöhe h in einem Wert zusammen. Die Flächenmittelung erfolgt entlang der y/t-Achse in den bereits in Abschnitt 4.3.2 auf Seite 87 beschriebenen Grenzen. Entlang der z/h-Achse wird über den Bereich von $-0,5 \leq z/h \leq -0,016$ gemittelt. In absoluten z-Koordinaten entspricht das dem Bereich von $-75\,\mathrm{mm} \leq z \leq -2{,}5\,\mathrm{mm}$. Da für den Bereich von $-2{,}5\,\mathrm{mm} \leq z \leq 0\,\mathrm{mm}$ keine Messwerte vorliegen, geht dieser auch nicht mit in die massenstromgewogene Flächenmittelung mit ein. Die massenstromgewogenen flächengemittelten Größen $\overline{\overline{C_{pt2}}}$, $\overline{\overline{c_{2b}}}$ und $\overline{\overline{\alpha}}$ sind durch die folgenden Gleichungen definiert:

$$\overline{\overline{C_{pt2}}} = \frac{\displaystyle\int_{y_1}^{y_2}\int_{z_1}^{z_2} C_{pt2}\, \frac{c_{2x}}{c_{1,r}}\, \frac{c_{1,r}}{\overline{\overline{c_{1,cl}}}}\, \mathrm{d}z\,\mathrm{d}y}{\displaystyle\int_{y_1}^{y_2}\int_{z_1}^{z_2} \frac{c_{2x}}{c_{1,r}}\, \frac{c_{1,r}}{\overline{\overline{c_{1,cl}}}}\, \mathrm{d}z\,\mathrm{d}y} \tag{4.34}$$

Tabelle 4.3.: Flächengemittelte Größen der Kaskadenabströmung

τ [mm]	$\overline{\overline{C_{pt2}}}$ [−]		$\overline{\overline{c_{2b}}}$ [−]		$\overline{\overline{\alpha}}$ [°]	
	m. Ein.	o. Ein.	m. Ein.	o. Ein.	m. Ein.	o. Ein.
0	-	-0,324	-	2,42	-	64
1,5	-0,479	-0,503	2,33	2,32	64	64
2,9	-0,614	-0,654	2,21	2,20	62	61

$$\overline{\overline{c_{2b}}} = \frac{\displaystyle\int_{y_1}^{y_2}\int_{z_1}^{z_2} c_{2b} \, \frac{c_{2x}}{c_{1,r}} \, \frac{c_{1,r}}{\overline{\overline{c_{1,cl}}}} \, dz \, dy}{\displaystyle\int_{y_1}^{y_2}\int_{z_1}^{z_2} \frac{c_{2x}}{c_{1,r}} \, \frac{c_{1,r}}{\overline{\overline{c_{1,cl}}}} \, dz \, dy} \tag{4.35}$$

$$\overline{\overline{\alpha}} = \frac{\displaystyle\int_{y_1}^{y_2}\int_{z_1}^{z_2} \alpha \, \frac{c_{2x}}{c_{1,r}} \, \frac{c_{1,r}}{\overline{\overline{c_{1,cl}}}} \, dz \, dy}{\displaystyle\int_{y_1}^{y_2}\int_{z_1}^{z_2} \frac{c_{2x}}{c_{1,r}} \, \frac{c_{1,r}}{\overline{\overline{c_{1,cl}}}} \, dz \, dy} \tag{4.36}$$

Die Integration der Messwerte erfolgt numerisch nach der Trapezregel. Die Ergebnisse der Berechnung sind in Tabelle 4.3 dargestellt.

Die Werte der bezogenen Abströmgeschwindigkeit $\overline{\overline{c_{2b}}}$ nehmen mit steigender Spaltweite ab, was sicherlich auf den höheren Totaldruckverlust zurückzuführen ist. Generell zeigt sich für den Fall mit Einblasung gemessen am Fall ohne eine geringere Abnahme der bezogenen Abströmgeschwindigkeit. Wie bei Abnahme der mittleren Abströmgeschwindigkeit bei konstantem Massenstrom zu erwarten, fällt der mittlere Abströmwinkel α zumindest für eine Spaltweite von $\tau = 2,9\,\text{mm}$. Der Verlauf von $\overline{\overline{C_{pt2}}}$ ist in Abbildung 4.17 auf der nächsten Seite dargestellt. Es zeigt sich ein mit zunehmender Spaltweite steigender Totaldruckverlust, wobei der Fall mit Einblasung stehts einen geringeren Totaldruckverlust als der Fall ohne Einblasung zeigt. Der Verlauf von $\overline{\overline{C_{pt2}}}$ ist mit zunehmender Spaltweite leicht degressiv. Vergleicht man den Wert des flächengemittelten und massenstromgewogenen

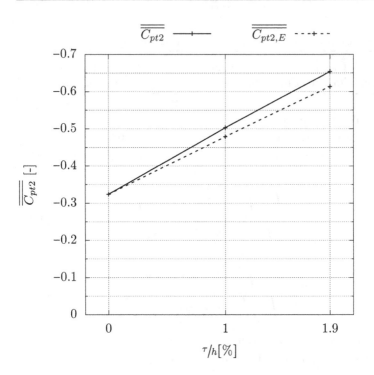

Abbildung 4.17.: Flächengemittelter Totaldruckkoeffizient der Abströmung $\overline{\overline{C_{pt2}}}$ in Abhängigkeit von der Spaltweite

Totaldruckkoeffizienten ohne Spalt $\overline{\overline{C_{pt2}}} = -0,324$ mit dem von Langston [18], der bei ähnlichem Abstand der Messebene zur Kaskade von $x/b_x = 1,4$ einen Wert von $\overline{\overline{C_{pt2}}} = -0,31$ ermittelt, so zeigt sich eine Übereinstimmung, die mit Blick auf die unterschiedlichen Schaufelprofilgeometrien durchaus plausibel erscheint. Ebenfalls ist eine Übereinstimmung mit dem von Moore und Adhye [20] bei abweichender Profilgeometrie ermittelten Wert von $\overline{\overline{C_{pt2}}} = -0,347$ bei $x/b_x = 1,4$ zu erkennen.

5. Gesamtverlust der Kaskadenströmung

Im vorherigen Kapitel werden die Kaskadenan- und Abströmung separat vermessen. Im Rahmen der Messwertauswertung für An- und Abströmung werden die lokal ermittelten Auswertegrößen zunächst teilungsgemittelt und abschließend auf einen massenstromgewogenen flächengemittelten Wert pro Auswertegröße zusammengefasst. Dieses Kapitel führt die Ergebnisse der flächengemittelten Größen für Kaskadenan- und Abströmung zusammen und versucht den bei der Umströmung der Kaskade entstehenden Gesamtverlust durch eine Zahl auszudrücken. Hierbei wird zwischen den unterschiedlichen Spaltweiten τ und den Fällen mit und ohne passive Einblasung unterschieden, um so eine positive Auswirkung der passiven Einblasung auf den Gesamtverlust feststellen zu können. Der Gesamtverlust über die Kaskade wird durch den Totaldruckverlust Y_{ges} ausgedrückt, der sich aus den massenstromgewogenen und flächengemittelten Totaldruckkoeffizienten der An- und Abströmung $\overline{\overline{C_{pt1}}}$, $\overline{\overline{C_{pt2}}}$, sowie der flächengemittelten bezogenen Abströmgeschwindigkeit $\overline{\overline{c_{2b}}}$ wie folgt zusammensetzt [3, 13]:

$$Y_{ges} = \frac{\overline{\overline{C_{pt1}}} - \overline{\overline{C_{pt2}}}}{\overline{\overline{c_{2b}}}^2} \tag{5.1}$$

Eine weitere Verlustgröße, die betrachtet wird, ist der Totaldruckverlust in der Mittelebene der Testsektion Y_{cl}. Er setzt sich zusammen aus dem teilungsgemittelten Totaldruckkoeffizienten der Abströmung $\overline{C_{pt2}}$ und der teilungsgemittelten bezogenen Abströmgeschwindigkeit $\overline{c_{2b}}$ bei $z/h = -0,5$. Unter der Annahme einer verlustlosen Anströmung bei $z/h = -0,5$ ergibt sich die folgende Definition des Totaldruckverlustes in der Mittelebene der Testsektion:

$$Y_{cl} = \frac{-\overline{C_{pt2}}}{\overline{c_{2b}}^2} \qquad (5.2)$$

Die Verläufe der beiden Totaldruckverluste in Prozent in Abhängigkeit von der auf die Schaufelhöhe bezogenen Spaltweite τ/h sind für die Fälle mit und ohne passive Einblasung in Abbildung 5.1 auf der nächsten Seite im Vergleich mit den Arbeiten von Hamik und Benoni dargestellt [3, 13].

Die auf die Schaufelhöhe bezogenen systematischen Abweichungen des Spaltmaßes von ±0,13 % sind durch die Fehlerbalken in Richtung der τ/h-Achse dargestellt.

Der Totaldruckverlust Y_{ges} ohne passive Einblasung steigt ausgehend von etwa 4,7 % für $\tau/h = 0$ % um 4 % auf 8,7 % bei einer Spaltweite von 1 % der Schaufelhöhe. Bis zur nächstgrößeren Spaltweite von 1,9 % der Schaufelhöhe steigt Y_{ges} um einen leicht geringeren Wert von etwa 4,1 % an und erreicht so einen maximalen Totaldruckverlust von 12,8 %. Y_{ges} zeigt somit entgegen dem zu erwartenden degressiven Charakter eine eher lineare Entwicklung. Die bei den flächengemittelten Totaldruckverlusten der Abströmung $\overline{C_{pt2}}$ noch erkennbare leichte Degression mit steigender Spaltweite wird hier von den mit steigender Spaltweite abnehmenden Totaldruckverlusten der Anströmung $\overline{C_{pt2}}$ überlagert und führt zu einer leicht zunehmenden Steigung des Totaldruckverlustes.

Der Totaldruckverlust $Y_{ges,E}$ mit passiver Einblasung zeigt gegenüber Y_{ges} geringere Verluste bei qualitativ gleichem Verlauf. Bei einer Spaltweite von $\tau/h = 1$ % zeigt sich eine Verringerung von $Y_{ges,E}$ gegenüber Y_{ges} von etwa 0,5 %. Bei dem großen Spalt mit $\tau/h = 1,9$ % zeigt sich eine Verringerung von etwa 0,9 %.

Die Messwerte Benonis ohne Einblasung $Y_{ges,Benoni}$ zeigen einen höheren Totaldruckverlust von etwa 6 % ohne Spalt. Im weiteren Verlauf zeigt sich

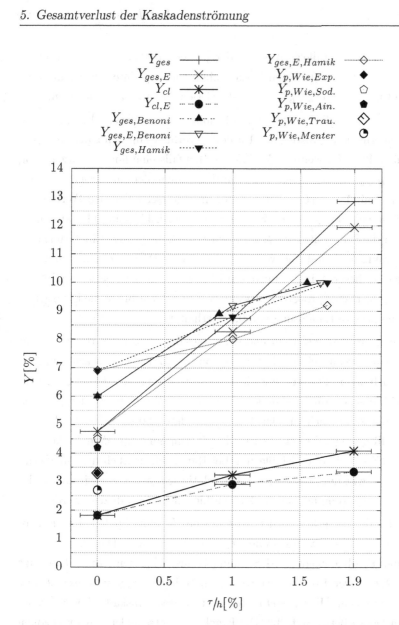

Abbildung 5.1.: Totaldruckverluste Y in Abhängigkeit von der relativen Spaltweite τ/h im Vergleich

ein zu Y_{ges} fast paralleler Anstieg, der jedoch ab etwa $\tau/h = 1\,\%$ in einen im Vergleich zu Y_{ges} flacheren Verlauf übergeht. Ein Unterschied durch die passive Einblasung $(Y_{ges,E,Benoni})$ ist bei Benoni kaum auszumachen.

Betrachtet man die Messwerte von Hamik ohne Einblasung $Y_{ges,Hamik}$, so zeigt sich erneut ein Anstieg des Totaldruckverlustes für den Fall ohne Spalt gegenüber Y_{ges}. Im weiteren Verlauf ist ebenfalls eine lineare Entwicklung von $Y_{ges,Hamik}$ zu erkennen. Insgesamt kann auch hier ein flacherer Verlauf verglichen mit Y_{ges} festgestellt werden. Im Unterschied zu den Werten von Benoni ist bei Hamik der Einfluss der passiven Einblasung klar auszumachen. Für die Spaltweite von $\tau/h = 1\,\%$ wird durch die passive Einblasung eine Verringerung des Totaldruckverlustes von etwa $0,8\,\%$ erreicht, die um $0,3\,\%$ über den in dieser Arbeit ermittelten Einsparungen bei gleicher Spaltweite liegt. Für die nächst größere Spaltweite von $\tau/h = 1,7\,\%$ bleibt die Einsparung durch die passive Einblasung von $0,8\,\%$ erhalten.

Der flachere Kurvenverlauf und der insgesamt kleinere Wertebereich auf geringerem Niveau bei Hamik und Benoni sind auf das schwächer umlenkende Turbinenprofil und die leicht höhere Anströmreynoldszahl zurückzuführen. Die schon durch Hamik nachgewiesene Wirksamkeit der passiven Einblasung kann auch für das hier verwendete stärker umlenkende Turbinenprofil gezeigt werden. Es ist Übereinstimmung mit dem Verlauf der Totaldruckverluste ohne Einblasung bei Hamik hinsichtlich der annähernd linearen Entwicklung zu erkennen. Die relativ schwachen Auswirkungen der passiven Einblasung bei Benoni können hier nicht reproduziert werden.

Der Totaldruckverlust in der Mittelebene Y_{cl} ohne Spalt kann als Profilverlust bezeichnet werden und liegt bei $Y_p = 1,8\,\%$. Die Differenz aus Y_{ges} und Y_p ohne Spalt wird Sekundärverlust Y_{sek} genannt und beträgt $Y_{sek} = 2,9\,\%$. Der Profilverlust wurde im Rahmen einer vorrausgehenden Arbeit von *aus der Wiesche et al.* für die identische Kaskade ohne Spalt bereits im Detail betrachtet [32]. Die Ergebnisse verschiedener Korrelationen

und des durchgeführten Experiments sind ebenfalls in Abbildung 5.1 auf
Seite 97 dargestellt. Sämtliche Werte von $Y_{p,Wie}$ liegen oberhalb des hier
ermittelten Wertes von $Y_p = 1,8\,\%$. Dies ist auf die im mittleren Bereich
vermessene und somit gegenüber einer seitlichen Sondenposition leicht höhere Anströmgeschwindigkeit zurückzuführen. Dennoch erscheint der hier
ermittelte Profilverlust im Vergleich gering. Die Korrelationen von Soder-
berg und Ainley und Mathieson liegen mit Werten von $Y_{p,Wie,Sod.} = 4,5\,\%$
und $Y_{p,Wie,Ain.} = 4,2\,\%$ bereits im Bereich des hier ermittelten Sekundär-
verlustes. Die Korrelation von Traupel zeigt einen identischen Wert wie das
durchgeführte Experiment von $Y_{p,Wie,Ain.} = Y_{p,Wie,Exp.} = 3,3\,\%$ und liegt in
etwa mittig zwischen den hier ermittelten Werten von Sekundär- und Profilverlust. Die beste Übereinstimmung liegt mit dem Menter CFD-Modell
vor, das einen Wert von $Y_{p,Wie,Men.} = 2,7\,\%$ angibt.

Ausgehend von Y_{sek} steigt Y_{cl} auf etwa 3,2 % bei $\tau/h = 1\,\%$ und erreicht bei
$\tau/h = 1,9\,\%$ einen Wert von etwa $\tau/h = 4,1\,\%$. Es zeigt sich somit ein Einfluss
des Spaltes auf den Totaldruckverlust bis in den Bereich der Mittelebene
der Testsektion. Die passive Einblasung führt auch hier zu geringeren Totaldruckverlusten. So fällt Y_{cl} bei $\tau/h = 1\,\%$ um etwa 0,3 %. Bei einer Spaltweite
von $\tau/h = 1,9\,\%$ kann eine Verringerung um 0,8 % festgestellt werden.

Eine Aufspaltung des Totaldruckverlustes Y_{ges} für die Fälle mit Spalt
in Sekundärverluste, Profilverluste und Spaltverluste erscheint physikalisch
nicht sinnvoll. Der Spaltwirbel beeinflusst klar den gesamten Messbereich
bis zur Mittelebene der Testsektion.

Insgesamt zeigt sich: Der Totaldruckverlust steigt mit der Spaltweite linear an und zeigt zumindest in dem hier betrachteten Bereich von Spaltweiten
kein degressives Verhalten. Der Einfluss der durch den Spalt entstehenden
Wirbelstrukturen und der mit ihnen verbundene Totaldruckverlust zeigt
sich bis in die Mittelebene der Testsektion. Die passive Einblasung senkt
den Totaldruckverlust in Bezug auf den gesamten Messbereich. Erzielt wird

6. Zusammenfassung und Fazit

Nach der erfolgreichen Auswertung der Messwerte mit Blick auf den Gesamtverlust kann nun eine Zusammenfassung der im Zuge dieser Arbeit entstandenen Ergebnisse erfolgen.

Der Verlust in der Kaskadenströmung kann durch die Entropie ausgedrückt werden. Die Entropieproduktion erfolgt für den vorliegenden adiabaten Fall der Kaskadenströmung aufgrund von viskoser Reibung innerhalb des Fluids und entsteht somit durch Grenzschichten und Wirbel. Wichtige entropieproduzierende Wirbel der Kaskadenströmung sind der Hufeisenwirbel, der Passagenwirbel und der Spaltwirbel.

Entropie ist jedoch nicht direkt messbar. Eine messbare Größe, über die ein Entropieanstieg erfasst werden kann, ist der Totaldruckverlust. Seine Auswertung erfolgt über den Totaldruckverlustkoeffizienten Y.

Der Versuchsstand, bestehend aus Windkanal, Testsektion und Messeinrichtung, erlaubt eine automatisierte Messwerterfassung für die Kaskadenan- und Kaskadenabströmung bei gleichzeitiger Regelung der Anströmgeschwindigkeit. Die Automatisierung erfolgt über die Software *LabVIEW*. Für die Vermessung des Totaldruckes in der Kaskadenanströmung wird eine miniaturisierte Pitotsonde eingesetzt. Totaldruck und statischer Druck in der Kaskadenabströmung werden über eine Fünflochsonde erfasst, die ebenfalls eine Aussage über die Strömungsrichtung ermöglicht. Sowohl bei der Vermessung der Kaskadenanströmung als auch bei der Vermessung der Kaskadenabströmung erfasst eine Prandtlsonde statischen Druck und Totaldruck am Rand der Testsektion. Die durch die Prandtlsonde erfassten Druckwerte

dienen der Geschwindigkeitsregelung und als Referenz zwischen den Messreihen von An- und Abströmung bei gleicher Spaltweite. Alle Druckwerte
werden relativ zum Umgebungsdruck im Labor erfasst. Die Temperatur wird
in der Kaskadenanströmung durch ein Thermoelement aufgenommen.

Die Messwerterfassung erfolgt für den Fall ohne Spalt und Spaltweiten
von ein Prozent und 1,93 % der Schaufelhöhe. Um eine möglichst gleiche Anströmgeschwindigkeit zu erreichen, erfolgt bei gleicher Spaltweite die Vermessung der Kaskadenabströmung direkt auf die Vermessung der Kaskadenanströmung. Die Kaskadenanströmung wird über eine Schaufelteilung
vermessen, wobei nicht zwischen den Fällen mit und ohne passive Einblasung unterschieden wird. Die Messwerterfassung für die Kaskadenabströmung erfolgt über etwas mehr als zwei Schaufelteilungen, die sowohl den
Fall mit als auch den Fall ohne passive Einblasung umfassen. Eine Aus-
nahme stellt der Fall ohne Spalt dar, für den aufgrund der nicht nötigen
Fallunterscheidung zwischen mit und ohne passive Einblasung das Messfeld kleiner gestaltet werden kann. Im Nachhinein zeigt sich diese Annahme
als nicht optimal, da eine systematische Abweichung zwischen den Spalt-
maßen der zwei verwendeten Messschaufeln vorliegt. Da der größere Spalt
jedoch bei der Messschaufel mit Einblasung vorliegt, sind dort auch höhere
Verluste zu erwarten. Somit erscheint die passive Einblasung durch die systematische Abweichung leicht abgeschwächt. Entlang der Schaufelhöhe wird
aus Gründen der Symmetrie jeweils der die Spaltseite umfassende Bereich
einer halben Schaufelhöhe erfasst.

Die Grenzschicht der Kaskadenanströmung hat turbulenten Charakter.
Der Betrag des flächengemittelten Totaldruckverlustkoeffizienten der An-
strömung nimmt mit steigender Spaltweite um ein Drittel ab. Die größte
Abnahme erfolgt zwischen dem Fall ohne Spalt und der Spaltweite von ein
Prozent der Schaufelhöhe und beruht auf den mit steigender Spaltweite fal-
lenden Grenzschichtdicken der Anströmung.

Auf der Basis der lokalen Größen der Abströmung lässt sich die Veränderung der Wirbelstrukturen bei variierter Spaltweite erkennen. Insbesondere zeigt sich ein mit steigender Spaltweite immer ausgeprägterer Spaltwirbel, der einen höheren Totaldruckverlust mit sich bringt. Es zeigt sich eine gegenseitige Beeinflussung der Strömungsfelder mit und ohne passive Einblasung, da sich die Wirbelstrukturen über eine Schaufelteilung hinaus ausdehnen. Diese Beeinflussung kann zu einer Abschwächung der Einblasewirkung führen. Ein Unterschied im Totaldruckverlust durch die passive Einblasung ist hier zunächst nicht klar zu erkennen, zeigt sich jedoch bei der Auswertung der teilungsgemittelten Größen.

Der Verlauf der teilungsgemittelten Größen zeigt die Verringerung des Totaldruckverlustes der Abströmung beider Spaltweiten durch die passive Einblasung. Bei einer Spaltweite von einem Prozent der Schaufelhöhe zeigt sich der größte Einfluss der passiven Einblasung im direkten Einflussbereich der Spaltströmung. Im unteren Bereich des Spaltwirbels ist ebenfalls eine Verringerung des Totaldruckverlustes zu erkennen. Für eine Spaltweite von 1,93 % der Schaufelhöhe zeigt der Bereich des Spaltes einen leichten Anstieg des Totaldruckverlustes, während im mittleren und unteren Bereich des Spaltwirbels der geringere Totaldruckverlust durch die passive Einblasung klar zu erkennen ist. Anscheinend wird die Verlustabnahme durch die Einblasung für größere Spaltweiten nicht durch die Blockage des Spaltes erreicht, sondern vielmehr durch die Beeinflussung des Mischvorganges in Bezug auf den Spaltwirbel.

Die im Bereich des gesamten Messfeldes erreichte Verringerung des Totaldruckverlustes durch die passive Einblasung wird durch flächengemittelte Größen erkennbar. Ohne Einblasung liegt eine Verdoppelung des Totaldruckverlustes der Abströmung ohne Spaltweite zur maximalen Spaltweite vor. Insgesamt ist ein leicht degressiver Verlauf des Totaldruckverlustes mit steigender Spaltweite zu erkennen. Das degressive Verhalten erscheint unter

Annahme eines maximalen Verlustes, der ab einem bestimmten Spaltmaß nicht mehr mit der Spaltweite zunimmt, plausibel. Der Totaldruckverlust mit passiver Einblasung liegt stets unterhalb des Totaldruckverlustes ohne passive Einblasung. Die bezogene Abströmgeschwindigkeit nimmt mit zunehmender Spaltweite ab, was vor dem Hintergrund des geringeren statischen Druckabfalls und des höheren Totaldruckverlustes plausibel erscheint. Weiterhin führt sie führt bei konstantem Massenstrom zu dem geringeren Abströmwinkel in der Gierebene.

Der betrachtete Totaldruckverlust Y im Sinne eines Gesamtverlustes der Kaskadenströmung berücksichtigt sowohl die Totaldruckverluste in der Kaskadenanströmung als auch die Totaldruckverluste der Kaskadenabströmung. Durch den Bezug auf die Abströmgeschwindigkeit nimmt diese ebenfalls Einfluss. Durch die passive Einblasung kann der Verlust von 8,7 % für eine Spaltweite von einem Prozent der Schaufelhöhe um etwa 0,5 % gesenkt werden. Bei maximaler Spaltweite zeigt sich eine Verringerung des Verlustes um etwa 0,9 %. Die Auswirkungen des Spaltwirbels auf den Verlust zeigen sich über das gesamte Messfeld bis in die Mittelebene der Testsektion. Dies gilt auch für die Auswirkungen der passiven Einblasung.

Der positive Einfluss der passiven Einblasung auf die Totaldruckverluste der Kaskadenströmung, der bereits durch Hamik gezeigt wurde, kann somit auch für das hier vorliegende Schaufelprofil bestätigt werden. Die durch die Optimierung der Einblasegeometrie hervorgerufenen Verbesserungen der Einblasewirkung können aus Mangel an Vergleichsmöglichkeiten nicht nachgewiesen werden. Es fällt jedoch auf, dass Hamik mit einer nicht optimierten Einblasegeometrie bereits bei mittleren Spaltweiten einen Effekt erzielt, der in der Größenordnung des hier bei maximaler Spaltweite erreichten Effektes liegt.

In Bezug auf die zu Beginn gesetzten Ziele dieser Arbeit lässt sich feststellen, dass erfolgreich ein Versuchsstand zur automatisierten Vermessung

der Kaskadenströmung aufgebaut wurde. Weiterhin wurde die Kaskadenströmung mit Blick auf die entstehenden Gesamtverluste vermessen. Die
Ergebnisse zeigen einen Anstieg der Verluste mit steigender Spaltweite auf
einen maximalen Wert von 12,8 % und eine Verlustreduktion durch die passive Einblasung von maximal 0,9 %.

Die passive Einblasung zeigt hier - wie bereits zuvor bei Hamik - eine klar positive Wirkung auf den Totaldruckverlust und stellt somit eine
nicht zu unterschätzende Möglichkeit dar, die Effizienz von Axialturbinen
zu steigern. Dennoch sind weitere Messungen unter realen Bedingungen notwendig, um die Abweichungen der hier gezeigten Messungen gegenüber der
Strömung in einer Axialturbine zu beseitigen. Diese erscheinen jedoch vor
dem Hintergrund des hier gezeigten großen Entwicklungspotentials des Ein-
blaseprinzips sinnvoll.

7. Ausblick

Die für die Beantwortung der Forschungsfrage notwendigen Untersuchungen, hier seien zuallererst die Messungen am eigens entwickelten Versuchsstand im Labor der FH Münster erwähnt, wurden gemäß den Rahmenbedingungen erfolgreich durchgeführt. Dennoch lassen sich Verbesserungsmöglichkeiten feststellen, welche im Zuge möglicher zukünftiger Untersuchungen berücksichtigt werden sollten.

Der Versuchsstand zeigt an verschiedenen Stellen Optimierungspotential. Der Windkanal fängt im Bereich seiner Leistungsgrenze während des Betriebes im offenen Zustand leicht an zu schwingen. Für die durchgeführten Messungen wurde er an der Laborwand fixiert, um die Positionsgenauigkeit des Messsystems zu erhalten. Die Schwingungsursache sollte jedoch auf Dauer beseitigt werden. Die separate Aufstellung von Traverse und Windkanal stellt sich gegenüber einer fixen Montage der Traverse an der Testsektion als Vorteil heraus. Die Trennung der beiden Komponenten macht den Versuchsstand sehr flexibel im Aufbau und zugänglich für Umbauarbeiten.

Die automatisierte Einstellung des Referenzwinkels der Fünflochsonde spart Messzeit. Ungültige Messwerte durch Überschreiten des Messbereichs der Fünflochsonde werden minimiert. Für den Gierwinkel ist diese Automatisierung bereits umgesetzt. Im Sinne einer weiteren Verringerung von ungültigen Messungen sollte die Umsetzung auch für den Nickwinkel erfolgen. Eine eigenständige Kalibrierung der Fünflochsonde würde eine klare Aussage über ihre Messgenauigkeit erlauben. In Bezug auf Messungen mit der miniaturisierten Pitotsonde sollten die Korrekturmethoden für Geschwindigkeitsfelder mit Gradient umgesetzt werden.

Ein wesentlicher Anteil der Messzeiten entsteht durch den Druckausgleich in der Ventilinsel, gegenüber dem die Schaltzeiten der Ventile zu vernachlässigen sind. Schnellere Ausgleichsvorgänge sind unter anderem durch geringere Toträume und durch eine automatisierte Entlüftung des pneumatischen Systems zu erreichen. Die hier konstruierte Ventilinsel stellt mit Blick auf die durch sie entstehende Leckage keine optimale Lösung dar. Sie sollte bei Folge-Messungen durch ein überlegenes System ersetzt werden.

Das Schleifen und Anpassen der Schaufelprofile per Hand nimmt im Verhältnis zu anderen Teilaufgaben dieses Projektes viel Zeit in Anspruch. Insbesondere die Schaufelhöhe kann nicht mit einer zufriedenstellenden Genauigkeit per Hand gefertigt werden. Die Genauigkeit des Spaltmaßes sollte erhöht werden, um eine bessere Vergleichbarkeit mit anderen Messungen zu erreichen.

Da die Abströmfelder der Schaufeln sich in der hier verwendeten Konfiguration gegenseitig beeinflussen, sollte die betrachtete Messschaufel bei zukünftigen Messungen von Schaufeln gleicher Ausführung umgeben sein.

Die durchgeführte Vermessung des Abströmfeldes der Kaskade zeigt alleine kein vollständiges Bild der durch den Spalt hervorgerufenen Strömungsphänomene. Eine detaillierte Untersuchung der Spaltströmung und Messungen innerhalb des Schaufelkanals könnten hier weitere Einblicke ermöglichen. Als Beispiel sei das statische Druckfeld im Spalt und die Vermessung des Spaltmassenstromes für die Fälle mit und ohne passive Einblasung genannt. Die im Rahmen dieser Arbeit umgesetzte Auflösung des Abströmmessfeldes ist zu gering, um die Auswirkungen der passiven Einblasung durch die Betrachtung der lokalen Messgrößen eindeutig zu identifizieren. Eine hochauflösende Vermessung der Kaskadenströmung wäre daher sinnvoll.

Die angewandte Ausführung der passiven Einblasung kann hinsichtlich verschiedener Parameter weiter optimiert werden. So kann zum Beispiel die Form und Anzahl der Ausblaseöffnungen auf dem Schaufelkopf angepasst werden. Auch die Form der Bohrungsöffnung birgt hinsichtlich Lage und Form Optimierungspotenzial. Die Überprüfung der Wirksamkeit einzelner Verbesserungen kann dann durch weitere Versuche an der Schaufelkaskade untersucht werden.

Nach dem erneuten Nachweis ihrer Wirksamkeit in einer Schaufelkaskade sollten die Effekte der passiven Einblasung unter realeren Bedingungen untersucht werden. Beispielhaft seien hier der Wandeinfluss bei Rotation, die Rotor-Stator-Interaktion und die Berücksichtigung von realen Betriebsbedingungen in Bezug auf Druck, Temperatur und Kompressibilität genannt. Eine Aussage über eine Wirkungsgradsteigerung in Bezug auf eine reale Axialturbine sollte das zu verfolgende Ziel sein.

Literatur

[1] D. G. Ainley und G. C. R. Mathieson. *An Examination of the Flow and Pressure Losses in Blade Rows of Axial-Flow Turbines*. Techn. Ber. 2891. ARC Report und Memoranda, März 1951.

[2] J. B. Barlow, H. R. William und A. Pope. *Low-Speed Wind Tunnel Testing*. 3rd Edition. Wiley, März 1999.

[3] A. Benoni. „Einfluss von Geometrieparametern auf die Spaltverluste in einem axialen Turbinengitter mit passiver Einblasung". Diss. Technische Universität Wien - Institut für Energietechnik und Thermodynamik, Nov. 2013.

[4] J. D. Denton. „Loss Mechanisms in Turbomachines - The 1993 IGTI Scholar Lecture". In: *Journal of Turbomachinery* (Okt. 1993).

[5] P. T. Dishart und J. Moore. „Tip-Leakage Losses in a Linear Turbine Cascade". In: *Journal of Turbomachinery* 112 (1990), S. 599–608.

[6] S. L. Dixon und C. A. Hall. *Fluid Mechanics and Thermodynamics of Turbomachinery*. 6th Edition. Elsevier Inc., 2010.

[7] H. Eckelmann. *Einführung in die Strömungsmeßtechnik*. Hrsg. von G. Hotz u. a. Leitfäden der angewandten Mathematik und Mechanik 74. Teubner Verlag, 1997.

[8] A. Fage. „On the Static Pressure in Fully-Developed Turbulent Flow". In: *Proceedings of the Royal Society of London A: Mathematical, Physical and Engineering Sciences* 155.886 (1936), S. 576–596.

[9]   D. A. Field und M.-C. Rivara. „Nonlinear Graded Delaunay Meshes".
      In: *Finite Elemente in Analysis and Design* 90 (Nov. 2014), S. 106–
      112.

[10] R. G. Folsom. *Review of the Pitot Tube.* Techn. Ber. The University
      of Michigan - Industry Programm of the College of Engineering, Nov.
      1955.

[11] T. Göhrs. „Aufbau und Erprobung eines Versuchsstandes für die Un-
      tersuchung von Spaltverlusten bei Turbinenschaufeln mit passiver Ein-
      blasung". Bachelorthesis. Fachhochschule Münster, 2015.

[12] S. Goldstein. „A Note on the Measurement of Total Head and Static
      Pressure in a Turbulent Stream". In: *Proceedings of the Royal So-
      ciety of London A: Mathematical, Physical and Engineering Sciences*
      155.886 (1936), S. 570–575.

[13] M. Hamik. „Reduktion der Spaltverluste in einem axialen Turbinen-
      gitter durch passive Einblasung". Diss. Technische Universität Wien
      - Institut für Thermodynamik und Energiewandlung, Apr. 2007.

[14] M. Hamik und R. Willinger. „An Innovative Passive Tip-Leakage Con-
      trol Method For Axial Turbine: Linear Cascade Wind Tunnel Re-
      sults". In: *Proceedings of ASME Turbo Expo 2008: Power for Land,
      Sea and Air.* GT2008-50056. ASME, Juni 2008.

[15] J. H. Horlock. *Axial Flow Turbines.* Butterworths, 1966.

[16] S. A. Korpela. *Principles of Turbomachinery.* 1st Edition. Wiley, 2011.

[17] B. Lakshminarayana. *Fluid Dynamics and Heat Transfer of Turboma-
      chinery.* 1st Edition. Wiley & Sons, 1996.

[18] L. S. Langston, M. L. Nice und R. M. Hooper. „Three-Dimensional
      Flow Within a Turbine Cascade". In: *Journal of Engineering for Power
      by ASME* (Jan. 1977), S. 21–28.

[19] F. A. MacMillan. *Experiments on Pitot-Tubes in Shear Flow*. Techn. Ber. 3028. Aeronautical Research Council - Reports und Memoranda, Feb. 1957.

[20] J. Moore und R. Y. Adhye. „Secondary Flows and Losses Downstream of a Turbine Cascade". In: *Journal of Engineering for Gas Turbines and Power by ASME* 107 (Okt. 1985), S. 961–968.

[21] J. Moore und J. S. Tilton. „Tip Leakage Flow in a Linear Turbine Cascade". In: *Journal of Turbomachinery* 110.19 (Jan. 1988).

[22] *MULTISERT® Gewindeeinsätze zum Einpressen*. KVT-Fastening GmbH. Feb. 2016. URL: http://shop.kvt-fastening.de.

[23] W. Nitsche und A. Brunn. *Strömungsmeßtechnik*. 2. Auflage. Springer-Verlag Berlin Heidelberg, 2006.

[24] S. B. Pope. *Turbulent Flows*. 1st Edition. Cambridge University Press, 2000.

[25] H. Schlichting. *Boundary-Layer Theory*. 7th Edition. McGraw-Hill Series in Mechanical Engineering. McGraw-Hill Book Company, 1979.

[26] S. A. Sjolander. „Secondary and Tip-Clearance Flows in Axial Turbines". Lecture Series LS 1997–01. VKI. 1997.

[27] J. Town und C. Camci. „Sub-Miniature Five-Hole Probe Calibration Using a Time Efficient Pitch and Yaw Mechanism and Accuracy Improvements". In: *Proceedings of ASME Turbo Expo in Vancouver*. GT2011-46391. Juni 2011.

[28] A. L. Treaster und M. Yocum. *The Calibration and Application of Five-Hole Probes*. Techn. Ber. Pennsylvania State University, 1978.

[29] Z. A. Tsague, S. Ramdani und J. Rejek. „Messung der Profildruckverteilung und des Profilverlustes in einer zweidimensionalen Schaufelkaskade". Projektarbeit. Fachhochschule Münster, 2015.

[30]   R. Wagner. „Entwurf, Gestaltung, und Erprobung eines modularen, atmospärischen Unterschallwindkanals mit variabeler Testsektion". Bachelorthesis. Fachhochschule Münster, 2014.

[31]   R. Wagner u. a. „A modular low-speed windtunnel with two testsections and variable inflow angle". In: *Proceedings ASME International Mechanical Engineering Congress & Exposition*. 2015.

[32]   S. aus der Wiesche u. a. „Profile and Mixing Losses of a Turbine Cascade Under the Condition of Low Reynolds Number Flows". In: *Proceedings of the ASME Fluids Engineering Division Summer Meeting FEDSM*. 2016.

[33]   R. Willinger und H. Haselbacher. „Measurement of the three dimensional flow field downstream of al linear turbine cascade with tip gap". In: Second European Conference on Turbomachinery - Fluid Dynamics und Thermodynamics. März 1997.

[34]   K. Wörrlein. *Kalibrierung von Fünflochsonden*. Techn. Ber. Technische Universität Darmstadt, 1990.

[35]   M. Yaras und S. A. Sjolander. „Development of the Tip-Leakage Flow Downstream of a Planar Cascade of Turbine Blades: Vorticity Field". In: *Journal of Turbomachinery* 112 (1990), S. 609–617.

[36]   M. Yaras, Zhu Yingkang und S. A. Sjolander. „Flow Field in the Tip Gap of a Planar Cascade of Turbine Blades". In: *Journal of Turbomachinery by ASME* 111 (Juli 1989), S. 276–283.

Anhang

A. Octave Quellcode

```
1    function [delta1, delta2, delta3, H12, c1cl]=G(
        filename)
2
3    %Definition der Variabelen%
4    %z=z-Koordinate... Abstand von der Wand%
5    %pt1=Druck Mini-Pitot%
6    %pt1r=Totaldruck Prandtl-Referenz%
7    %ps1r=statischer Druck Prandtl-Referenz%
8    %pu=Umgebungsdruck%
9    %T1=Temperatur%
10   %po=offset Druck%
11   %pd1=dynamischer Druck Mini-Pitot%
12   %rho=Dichte%
13   %Rs=spezifische Gaskonstante für trockene Luft%
14   %c1=Geschwindigkeit in der Grenzschicht%
15   %c1cl=Geschwindigkeit außerhalb der Grenzschicht%
16   %Auslesen der Messwerte aus der Datei%
17   data=dlmread(filename, '\t', 2, 0)
18   Rs=287
19   z=data(:,3)
20   pt1=data(:,7)-data(:,13)
21   pt1r=data(:,9)-data(:,13)
22   ps1r=data(:,11)-data(:,13)
23   pu=data(:,5)
24   T1=data(:,6)
25   po=data(:,13)
26   %Berechnung des dynamischen Druckes%
27   pd1=pt1-ps1r
28   %Berechnung der Dichte %
29   rho=(ps1r+pu)./(Rs*T1)
30   %Berechnung der Geschwindigkeit +
31   Randbedingung c1(z=0)=0%
32   c1=[0;sqrt((2*pd1)./rho)]
```

```
33  z=[0;z]
34  %Bestimmen von c_1cl als Mittelwert
35   aus den Geschwindigkeiten von z=-40 bis z=-75%
36  c1cl=mean(c1(29:31))
37  %Finden des ersten Wertes > c1cl in c1%
38  i=find(c1>c1cl,1,'first')-1
39  %Berechnen der Verdrängungsdicke%
40  f1=1-(c1(1:i)./c1cl)
41  delta1=trapz(z(1:i),f1)
42  %Berechnen der Impulsverlustdicke%
43  f2=(c1(1:i)./c1cl).*(1-(c1(1:i)./c1cl))
44  delta2=trapz(z(1:i),f2)
45  %Berechnen der Energieverlustdicke%
46  f3=(c1(1:i)./c1cl).*(1-((c1(1:i).^2)./(c1cl^2)))
47  delta3=trapz(z(1:i),f3)
48  %Berechnen des Formfaktors%
49  H12=delta1/delta2
```

Quelltext A.1: Quellcode: Kaskadenanströmung

```
1    function [M,out,T,F,Yp,Y]=CALCALLP_s_V2(filename,
         NOS,intdata,METHOD,
2    ug,og,c1bA,cpt1rA,cps1rA,c1clA,CPT1A)
3    %Definition der Variabelen%
4    %c1clm=ungestörte Anströmgeschwindigkeit der
         Kaskade;
5      berechnet im Zuge der Grenzschichtparameter%
6    %filename=Dateiname der binären Messwertedatei%
7    %NOS=Number of Sets=Anzahl der
8    Traversierungen in y-Richtung hinter der Cascade%
9    %PPS= Anzahl der Messpunkte pro Set%
10   %M=Messdaten abzüglich des Offsets%
11   %cpypq= Matrix der CP-Werte der Messdaten
         inklusive
12   der Koordinaten, Umgebungsdruck und
13   Temperatur [x,y,z,pu,T,cpy,cpp,cpq]%
14   %YPTS=Matrix aus YAW und Pitch Winkel,
15     Total und Statischem Druck der Abströmung
16     (index2) und der Anströmung (index1)%
17   %METHOD=Interpolationsdmethode=linear%
18   %intdata=Kalibrierdatenmatrix der Fünflochsonde%
19   %data=Messwerte aus Textdatei ausgelesen%
20   %t=Schaufelteilung%
21   %h=Schaufelhöhe%
22   %R=spezifische Gaskonstante für trockene Luft%
23   %%%o=offset%
24   %p1-p5=Drücke der Fünflochsonde%
25   %cpq=mittlerer Druck zur berechnung der
26   Kalibrierkoeffizienten%
27   %cpy=Kalibrierkoeffizient für Gierwinkel
28   auf Basis von intdata%
29   %cpp=Kalibrierkoeffizient für Nickwinkel
30   auf Basis von intdata%
31   %cpyi=Kalibrierkoeffizient für Gierwinkel
32   auf Basis von data%
33   %cppi=Kalibrierkoeffizient für Nickwinkel
34   auf Basis von data%
35   %YAW=interpolierter Gierwinkel%
36   %PITCH=interpolierter Nickwinkel%
37   %CPT=interpolierter Kalibrierkoeffizient für pt2%
38   %pt2=Totaldruck in der Kaskadenabströmung%
39   %CPS=interpolierter Kalibrierkoeffizient für ps2%
40   %ps2=statischer Druck in der Kaskadenabströmung%
```

```
41   %alph=Winkel der Strömungsrichtung in der xy-Ebene
42   bezogen auf Koordinatensystem der Testsektion%
43   %beta=Winkel der Strömungsrichtung in der xz-Ebene
44   bezogen auf Koordinatensystem der Testsektion%
45   %c2=Betrag der Abströmgeschwindigkeit%
46   %c2b=c2 bezogen auf c1clA%
47   %alphref=Referenzwinkel der Fünflochsonde%
48   %c1r=Referenzanströmgeschwindigkeit
49   (Abströmung!!!!!) %
50   %c1rm=mittlere Referenzanströmgeschwindigkeit
51   (Abströmung!!!!!)%
52   %pt1r=Referenztotaldruck der Anströmung
53   (Abströmung!!!!!)%
54   %ps1r=statischer Referenzdruck der Anströmung
55   (Abströmung!!!!!)%
56   %z=z-Koordinate im Koordinatensystem der
        Testsektion%
57   %y=y-Koordinate im Koordinatensystem der
        Testsektion%
58   %pu=Umgebungsdruck im Labor%
59   %cpt2=Totaldruckkoeffizient der Abströmung%
60   %c1rmA=mittlere Referenzanströmgeschwindigkeit
61   (Anströmung!!!!!)%
62   %c1clA=mittlere Anströmgeschwindigkeit außerhalb
63   der Grenzschicht (Anströmung!!!!!)%
64   %Yp=Profilverlust%
65
66   %Definition von konstanten Werten%
67
68   t=64.3
69   h=150
70   R=287
71   s=72.5
72
73   %Werte aus Messung der Anströmung%
74
75   c1bA=c1bA
76   cpt1rA=cpt1rA
77
78   %Einlesen der Messdaten%
79
80   data=dlmread(filename, '\t', 2, 0)
81
```

```
82   %Anzahl der Messpunkt pro Set PPS%
83
84   q=size(data)(1,1)
85
86   PPS=q/NOS
87
88   %Abziehen des Offsets o von den Drücken p1-p5%
89
90   j=7
91   for j=7:2:15
92   px=data(:,j)
93   pxo=px(2:PPS).-px(1)
94   i=1
95   for i=1:NOS-1
96   o=px(1+i*PPS)
97   pxo=[pxo;(px((2+(i*PPS)):((i+1)*PPS)).-o)]
98   endfor
99   M(:,j)=pxo
100  endfor
101
102  %Abziehen des Offsets o von den Drücken p6-p7%
103
104  j=17
105  for j=17:2:19
106  px=data(:,j)
107  pxo=px(2:PPS).-data(1,7)
108  i=1
109  for i=1:NOS-1
110  o=data(1+i*PPS,7)
111  pxo=[pxo;(px((2+(i*PPS)):((i+1)*PPS)).-o)]
112  endfor
113  M(:,j)=pxo
114  endfor
115
116  %Abziehen der Standardabweichungen des Offsets von
117  den Standardabweichung der Drücke p1-p5%
118
119  j=8
120  for j=8:2:16
121  sx=data(:,j)
122  sxo=sqrt((sx(2:PPS).^2).+sx(1)^2)
123  i=1
124  for i=1:NOS-1
```

```
125   o=sx(1+i*PPS)^2
126   sxo=[sxo;sqrt(((sx((2+(i*PPS)):((i+1)*PPS)).^2).+o
      ))]
127   endfor
128   M(:,j)=sxo
129   endfor
130
131   %Abziehen der Standardabweichungen des Offsets von
132   den Standardabweichung der Drücke p6-p7%
133
134   j=18
135   for j=18:2:20
136     sx=data(:,j)
137     sxo=sqrt((sx(2:PPS).^2).+data(1,7)^2)
138     i=1
139     for i=1:NOS-1
140       o=data(1+i*PPS,7)^2
141       sxo=[sxo;sqrt(((sx((2+(i*PPS)):((i+1)*PPS))
             .^2).+o))]
142     endfor
143     M(:,j)=sxo
144   endfor
145
146   %Koordinaten Umgebungsdruck und Temperatur%
147
148   j=1
149   for j=1:6
150     ktux=data(:,j)
151     ktu=ktux(2:PPS)
152     i=1
153     for i=1:NOS-1
154       ktu=[ktu;ktux((2+(i*PPS)):((i+1)*PPS))]
155     endfor
156     M(:,j)=ktu
157   endfor
158
159   %Definieren der Drücke p1-p5 der Fünflochsonde%
160
161   p1=M(:,7)
162   p2=M(:,9)
163   p3=M(:,11)
164   p4=M(:,13)
165   p5=M(:,15)
```

```
166
167  %Mittleren Druck cpq berechnen%
168
169  cpq=(p2+p3+p4+p5)./4
170
171  %Kalibrierkoeffizient cpy berechnen%
172
173  cpy=(p4.-p5)./(p1-cpq)
174
175  %Kalibrierkoeffizient cpp berechnen%
176
177  cpp=(p2.-p3)./(p1-cpq)
178
179  %Matrix aus den berechneten Größen bilden%
180
181  cpypq=[M(:,1:6),cpy,cpp,cpq]
182
183  %Interpolation des Gierwinkels%
184
185  cpy=intdata(:,5)
186  cpp=intdata(:,4)
187  yaw=intdata(:,2)
188  cpyi=cpypq(:,7)
189  cppi=cpypq(:,8)
190
191  YAW = griddata (cpy, cpp, yaw, cpyi, cppi, METHOD)
192
193  %Interpolation von Pitch%
194
195  cpy=intdata(:,5)
196  cpp=intdata(:,4)
197  pitch=intdata(:,1)
198  cpyi=cpypq(:,7)
199  cppi=cpypq(:,8)
200
201  PITCH = griddata (cpy, cpp, pitch, cpyi, cppi,
         METHOD)
202
203  %Interpolation von CPT und berechnen des
204  lokalen Totaldruckes%
205
206  cpy=intdata(:,5)
207  cpp=intdata(:,4)
```

```
208   cpt=intdata(:,6)
209   cpyi=cpypq(:,7)
210   cppi=cpypq(:,8)
211
212   CPT = griddata(cpy, cpp, cpt, cpyi, cppi, METHOD)
213   pt2=p1-CPT.*(p1-cpypq(:,9))
214
215   %Interpolaton von CPS und berechnen
216   des lokalen statischen Druckes%
217
218   cpy=intdata(:,4)
219   cpp=intdata(:,5)
220   cps=intdata(:,7)
221   cpyi=cpypq(:,7)
222   cppi=cpypq(:,8)
223
224   CPS = griddata(cpy, cpp, cps, cpyi, cppi, METHOD)
225   ps2=cpypq(:,9)-CPS.*(p1-cpypq(:,9))
226
227   %Schreiben der interpolierten Größen
228    YAW, PITCH, pt2, ps2 in Matrix YPTS%
229
230   YPTS=[M(:,1:6),YAW,PITCH,pt2,ps2]
231
232   %Berechnen des Winkels alph%
233
234    alphref=M(:,4)
235
236    alph=alphref-YAW
237
238   %Projektion von PITCH in die xz-Ebene
239   der Testsektion zur Berechnung von beta%
240
241   c=tand(PITCH)
242   d=cosd(abs(alph))
243   e=c./d
244
245   beta=atand(e)
246
247   %Berechnen der mittleren Referenzanströ
248         mgeschwindigkeit
       clrm (Prandtlsonde)%
249
```

```
250   pu=M( : , 5 )
251
252   T1=YPTS( : , 6 )
253
254   pt1r=M( : , 1 7 )
255
256   pt1rm=mean( pt1r )
257
258   ps1r=M( : , 1 9 )
259
260   ps1rm=mean( ps1r )
261
262   rho1=(pu+ps1r) . / ( T1*R )
263
264   c1r=sqrt ( ( pt1r - ps1r ) * 2 . / rho1 )
265
266   c1rm=mean( c1r )
267
268   %Berechnen des lokalen Betrages der
            Geschwindigkeit c2%
269
270   rho2=(ps2+pu) . / ( T1*R )
271
272   c2=sqrt ( ( abs ( pt2 - ps2 ) * 2 ) . / rho2 )
273
274   %Berechnen der lokalen bezogenen
275   Abströmgeschwindigkeit c2b%
276
277   c2b=(c2 . / c1rm) . / ( c1bA )
278
279   %Berechnen von cpt2r%
280
281   cpt2r=(pt2 . - pt1r ) . / ( pt1rm - ps1rm )
282
283   %Berechnen des lokalen Totaldruckkoeffizienten
284   der Abströmung cpt2%
285
286   cpt2=(cpt2r - cpt1rA) . / ( ( c1bA )^2 )
287   %cpt2=(pt2 . - pt1r ) . / ( pt1rm - ps1rm )  alternativ ! ! ! ! !
288
289   %Berechnen von cpt2r%
290
291   cps2r=(ps2 . - ps1r ) . / ( pt1rm - ps1rm )
```

```
292
293   %Berechnen des statischen Druckkoeffizienten
294   der Abströmung cps2%
295
296   cps2=(cps2r-cps1rA)./((c1bA)^2)
297
298   %Berechnung der xyz-Komponenten des
299   Geschwindigkeitsvektors der Abströmung C2%
300   %aus den durch die Fünflochsonde ermittelten
301   Werte sowie der Sekundärgeschwindigkeitsvektoren%
302   %bezogen auf die Primärabströmungsrichtung P,
303   aber projeziert in die yz-Ebene%
304
305   %Definition der Variabelen%
306
307   %P=Primäströmungsrichtung%
308   %theta=Winkel zwischen Primärströmungrichtung P
309   und x-Achse in xy-Ebene%
310   %epsilon=Winkel zwischen Primärströmungrichtung P
311   und x-Achse in pz-Ebene%
312   %C2=Geschwindigkeitsvektor%
313   %c2x=Geschwindigkeit in Richtung der X-Achse%
314   %c2y=Geschwindigkeit in Richtung der y-Achse%
315   %c2z=Geschwindigkeit in Richtung der Z-Achse%
316   %CX=Projektion von C2 auf die x-Achse%
317   %CXY=Geschwindigkeitsvektor projiziert in
318      die xy-Ebene%
319   %CS=Sekundärgeschwindigkeitsvektor in
320   Primärströmungsrichtung%
321   %csy=Sekundärgeschwindigkeitsvektor in
322   Primärströmungsrichtung
323   projeziert auf die y-Achse%
324   %csz=Sekundärgeschwindigkeitsvektor in
325   Primärströmungsrichtung
326   projeziert in die z-Achse,%
327   %EP=Einheitsvektor in Richtungs der p-Achse,
328   also in Primärabströmungsrichtung%
329   %EX=Einheitsvektor in Richtungs der p-Achse%
330   %EY=Einheitsvektor in Richtungs der p-Achse%
331   %EZ=Einheitsvektor in Richtungs der p-Achse%
332
333   %offset fällt aus Punkteset%
334   PPS=PPS-1
```

```
335
336   %Berechnung von theta und epsilon%
337   %NaN Werte entfernen%
338
339   theta=mean(alph((NOS-1)*PPS:NOS*PPS))
340   epsilon=mean(beta((NOS-1)*PPS:NOS*PPS))
341
342   %Definition der Einheitsvektoren%
343
344   EP=[cosd(theta)*cosd(epsilon),sind(theta)*cosd(
          epsilon),sind(epsilon)]
345   EX=[1,0,0]
346   EY=[0,1,0]
347   EZ=[0,0,1]
348
349   %Berechnung der kartesischen Koordinaten des
350   Geschwindigkeitsvektors C2%
351
352   c2x=c2.*cosd(alph).*cosd(beta)
353   c2y=(c2.*sind(alph).*cosd(beta))
354   c2z=(c2.*sind(beta))
355
356   C2=[c2x,c2y,c2z]
357
358   %Berechnung der Koordinaten des Sekundä
          rgescheindigkeitsvektors
359    in Primärströmungsrichtung P%
360
361   CS=C2-((C2*transpose(EP))*EP)
362
363   %Projektion von CS auf die Y-Achse%
364
365   CSY=(CS*transpose(EY))*EY
366
367   %Projektion von CS auf X-Achse%
368
369   CSZ=(CS*transpose(EZ))*EZ
370
371   %Auslesen und Zusammenfassen der Beträge von CS in
          Richtung
372   der z- und y-Achse in S%
373
374   csy=CSY(:,2)
```

```
375
376    csz=CSZ(:,3)
377
378    S=[csy,csz]
379
380    %Berechnen der Vortizität in Primärströ
            mungsrichtung
381     (Rotation des Vektorfeldes)%
382
383    %wx=Vortizität in x-Richtung%
384    %wy=Vortizität in y-Richtung%
385    %wz=Vortizität in z-Richtung%
386    %w=Vortizitätsvektor%
387    %wp=Vortizität in Primärströmungsrichtung%
388    %wpd= dmensionslose Vortizität in Primärströ
            mungsrichtung%
389    %dc2z=Differenzenquotient im Messpunkt i in z-
            Richtung%
390    %dc2y=Differenzenquotient im Messpunkt i in y-
            Richtung%
391    %dpt2=Differenzenquotient im Messpunkt i in z-
            Richtung%
392    %dpt2y=Differenzenquotient im Messpunkt i in y-
            Richtung%
393
394    y=abs(M(:,2))
395    z=M(:,3)
396
397
398    %numerische Berechnung der Ableitung von c2y nach
            z
399    %Berechnen des rechtsseitigen
            Differenzenquotienten
400
401    j=0
402    for j=0:1:PPS-1
403
404        dc2y0=(c2y((0+1)*PPS+1+j)-c2y(0*PPS+1+j))/
405            (z((0+1)*PPS+1+j)-z(0*PPS+1+j))
406        dc2y(0*PPS+1+j,1)=dc2y0
407
408    %c2yerechnen des mittleren DifferenDequotienten
409    i=1
```

```
410    for  i =1:1:NOS-2
411
412        dc2y1=((c2y((i+1)*PPS+1+j)-c2y(i*PPS+1+j))/
413           (z((i+1)*PPS+1+j)-z(i*PPS+1+j))+(c2y((i-1)*
                  PPS+1+j)-
414              c2y(i*PPS+1+j))/(z((i-1)*PPS+1+j)-z(i*PPS
                  +1+j)))*0.5
415        dc2y(i*PPS+1+j,1)=dc2y1
416    endfor
417    %berechnen des linken Differenzenquotienten
418
419        dc2y13=(c2y((NOS-2)*PPS+1+j)-c2y((NOS-1)*PPS
                  +1+j))/
420           (z((NOS-2)*PPS+1+j)-z((NOS-1)*PPS+1+j))
421        dc2y((NOS-1)*PPS+1+j,1)=dc2y13
422
423    endfor
424
425    %numerische Berechnung der Ableitung von c2z nach
              y
426    %Berechnen des rechtsseitigen
              Differenzenquotienten
427    j=0
428    for  j =0:PPS:(NOS-1)*PPS
429
430    dc2z(1+j)=(c2z(2+j)-c2z(1+j))/(y(2+j)-y(1+j))
431
432    %berechnen des mittleren Differenzequotienten
433    i=2
434    for  i =2:1:PPS-2
435    dc2zi=((c2z(i+1+j)-c2z(i+j))/(y(i+1+j)-y(i+j))+(
              c2z(i-1+j)-
436    c2z(i+j))/(y(i-1+j)-y(i+j)))*0.5
437    dc2z(i+j,1)=dc2zi
438    endfor
439
440    %berechnen des linken Differenzenquotienten
441
442    dc2z(PPS+j)=(c2z(PPS-1+j)-c2z(PPS+j))/(y(PPS-1+j)-
              y(PPS+j))
443
444    endfor
445
```

```
446   %numerische Berechnung der Ableitung von pt2 nach
          z
447   %Berechnen des rechtsseitigen
          Differenzenquotienten
448   j=0
449   for j=0:1:PPS-1
450
451     dpt2(1+j)=(pt2(PPS+1+j)-pt2(1+j))/(z(PPS+1+j)-z
          (1+j))
452
453   %berechnen des mittleren Differenzequotienten
454     i=2
455     for i=1:1:NOS-2
456       dpt2i=((pt2((i+1)*PPS+1+j)-pt2(i*PPS+1+j))/
457       (z((i+1)*PPS+1+j)-z(i*PPS+1+j))+(pt2((i-1)*PPS
          +1+j)-pt2(i*PPS+1+j))/
458       (z((i-1)*PPS+1+j)-z(i*PPS+1+j)))*0.5
459       dpt2(i*PPS+1+j,1)=dpt2i
460     endfor
461
462   %berechnen des linken Differenzenquotienten
463
464     dpt2((NOS-1)*PPS+1+j)=(pt2((NOS-2)*PPS+1+j)-pt2
          ((NOS-1)*PPS+1+j))/
465     (z((NOS-2)*PPS+1+j)-z((NOS-1)*PPS+1+j))
466
467   endfor
468
469   %numerische Berechnung der Ableitung von c2z nach
          y
470   %Berechnen des rechtsseitigen
          Differenzenquotienten
471   j=0
472   for j=0:PPS:(NOS-1)*PPS
473
474   dpt2y(1+j)=(pt2(2+j)-pt2(1+j))/(y(2+j)-y(1+j))
475
476   %berechnen des mittleren Differenzequotienten
477   i=2
478   for i=2:1:PPS-2
479   dpt2yi=((pt2(i+1+j)-pt2(i+j))/(y(i+1+j)-y(i+j))+(
          pt2(i-1+j)-pt2(i+j))/
480   (y(i-1+j)-y(i+j)))*0.5
```

```
481    dpt2y(i+j,1)=dpt2i
482    endfor
483
484    %berechnen des linken Differenzenquotienten
485
486    dpt2y(PPS+j)=(pt2(PPS-1+j)-pt2(PPS+j))/(y(PPS-1+j)
           -y(PPS+j))
487
488    endfor
489
490    %Berechnen der Vortizität
491
492    wx=dc2z-dc2y
493    a=dpt2./rho2
494    b=c2y.*wx
495    wy=(a+b)./c2x
496    wz=(c2z.*wx-dpt2y./rho2)
497
498    w=[wx,wy,wz]
499
500    %Berechnen der Vortizität in Primärströ
           mungsrichtung
501
502    wp=w*transpose(EP)
503
504    %berechnen der dimensionslosen Vortizität%
505
506    wpd=((wp.*s)./c1rm)./(c1bA)
507
508    %Berechnen der auf die Teilung t bezogenen y-
           Koordinate
509
510    yt=abs(M(:,2))./t
511
512    %Berechnen der auf die Schaufelhöhe h bezogenen z-
           Koordinate
513
514    zh=M(:,3)./h
515
516    %Definition der x-Koordinate
517
518    x=M(:,1)
519
```

```
520   %Schreiben aller lokal berechneten Daten in Matrix
          out
521
522   out=[x,yt,zh,alph,beta,c2,c2b,c2x,c2y,c2z,csy,
523   csz,cpt2,cps2,wpd]
524
525   %Schreiben der Daten in Textdatei
526
527   save -ascii output out
528
529   %Berechnen der teilungsgemittelten Größen der
          Abströmung%
530
531   %Defintion der Variabelen
532
533   %ug=untere Integrationsgrenze%
534   %ug=obere Integrationsgrenze%
535   %alpht=teilungsgemittelter Abströmwinkel alpha%
536   %cpt2t=teilungsgemittelter Totaldruckkoeffizient
537   der Abströmung%
538   %c2bt=teilungsgemittelte bezogene
539   Abströmgeschwindigkeit%
540
541   y=abs(M(:,2))
542   z=M(:,3)
543
544   %Integrationsgrenzen definieren%
545
546   g1=find(y(1:PPS)==ug)
547
548   g2=find(y(1:PPS)==og)
549
550   %Berechnen des teilungsgemittelten Abströmwinkels
          alpht%
551   %Werte in Integrationsgrenzen bestimmen%
552   A=0
553   A=c2x(g1:g2)
554   B=alph(g1:g2)
555   C=abs(y(g1:g2))
556
557   %NaN Werte entfernen%
558   ind=find(isnan(A))
559
```

```
560  A( ind ) = []
561  B( ind ) = []
562  C( ind ) = []
563
564  %Werte von alpht berechnen%
565
566  %Ersten Wert von alpht berechnen;
567  erste absolute z−Koordinate auslesen%
568
569  alphtN=trapz (C,(A./c1rm)∗c1bA)
570  alphtZ=trapz (C,(B.∗(A./c1rm)∗c1bA))
571  alpht=alphtZ /alphtN
572  Z=z (1)
573
574  %Alle weiteren Werte von alpht berechnen;
575  weitere Werte von z−Koordinate auslesen%
576  A=0
577  i =2
578  for i = 2:1:NOS
579  Zi=z ( i ∗PPS)
580  Z=[Z; Zi ]
581
582  A=c2x (( i −1)∗PPS+g1 : ( i −1)∗PPS+g2 )
583  B=alph (( i −1)∗PPS+g1 : ( i −1)∗PPS+g2 )
584  C=y (( i −1)∗PPS+g1 : ( i −1)∗PPS+g2 )
585
586  ind=find (isnan (A) )
587  A( ind ) = []
588  B( ind ) = []
589  C( ind ) = []
590
591  alphtiN=trapz (C,(A./c1rm)∗c1bA)
592  alphtiZ=trapz (C,(B.∗(A./c1rm)∗c1bA))
593  alphti=alphtiZ /alphtiN
594
595  alphtN =[alphtN ; alphtiN ]
596  alphtZ =[alphtZ ; alphtiZ ]
597  alpht =[alpht ; alphti ]
598  endfor
599
600  %Schreiben der auf h bezogenen z−Koordinaten und
          von alpht in Matrix%
601
```

```
602  ALPHT=[(Z./h),alpht,alphtN,alphtZ]
603
604  %Berechnen des teilungsgemittelten
          Totaldruckkoeffizienten cpt2t%
605  %Werte in Integrationsgrenzen bestimmen%
606  A=0
607  A=c2x(g1:g2)
608  B=cpt2(g1:g2)
609  C=abs(y(g1:g2))
610  %NaN Werte entfernen%
611
612  ind=find(isnan(A))
613
614  A(ind)=[]
615  B(ind)=[]
616  C(ind)=[]
617
618  %Positive Werte von cpt2 gleich Null setzen%
619
620  v=find(B>0)
621  B(v)=[0]
622
623  %Werte von cpt2t berechnen%
624
625  cpt2tN=trapz(C,(A./c1rm)*c1bA)
626  cpt2tZ=trapz(C,(B.*(A./c1rm)*c1bA))
627  cpt2t=cpt2tZ/cpt2tN
628  Z=z(1)
629  i=2
630  for i=2:1:NOS
631  Zi=z(i*PPS)
632  Z=[Z;Zi]
633  A=c2x((i-1)*PPS+g1:(i-1)*PPS+g2)
634  B=cpt2((i-1)*PPS+g1:(i-1)*PPS+g2)
635  C=y((i-1)*PPS+g1:(i-1)*PPS+g2)
636  ind=find(isnan(A))
637  A(ind)=[]
638  B(ind)=[]
639  C(ind)=[]
640  cpt2tiN=trapz(C,(A./c1rm)*c1bA)
641  cpt2tiZ=trapz(C,(B.*(A./c1rm)*c1bA))
642  cpt2ti=cpt2tiZ/cpt2tiN
643
```

```
644  cpt2tN=[cpt2tN;cpt2tiN]
645  cpt2tZ=[cpt2tZ;cpt2tiZ]
646  cpt2t=[cpt2t;cpt2ti]
647  endfor
648
649  CPT2T=[(Z./h),cpt2t,cpt2tN,cpt2tZ]
650
651  %Berechnen der teilungsgemittelten bezogenen
652  Abströmgeschwindigkeit c2bt%
653  %Werte in Integrationsgrenzen bestimmen%
654  A=0
655  A=c2x(g1:g2)
656  B=c2b(g1:g2)
657  C=abs(y(g1:g2))
658
659  %NaN Werte entfernen%
660
661  ind=find(isnan(A))
662
663  A(ind)=[]
664  B(ind)=[]
665  C(ind)=[]
666
667  %Werte von c2bt berechnen%
668
669  c2btN=trapz(C,(A./c1rm)*c1bA)
670  c2btZ=trapz(C,(B.*(A./c1rm)*c1bA))
671  c2bt=c2btZ/c2btN
672  Z=z(1)
673  i=2
674  for i=2:1:NOS
675  Zi=z(i*PPS)
676  Z=[Z;Zi]
677  A=c2x((i-1)*PPS+g1:(i-1)*PPS+g2)
678  B=c2b((i-1)*PPS+g1:(i-1)*PPS+g2)
679  C=y((i-1)*PPS+g1:(i-1)*PPS+g2)
680  ind=find(isnan(A))
681  A(ind)=[]
682  B(ind)=[]
683  C(ind)=[]
684  c2btiN=trapz(C,(A./c1rm)*c1bA)
685  c2btiZ=trapz(C,(B.*(A./c1rm)*c1bA))
686  c2bti=c2btiZ/c2btiN
```

```
687
688    c2btN=[c2btN;c2btiN]
689    c2btZ=[c2btZ;c2btiZ]
690    c2bt=[c2bt;c2bti]
691    endfor
692
693    C2BT=[(Z./h),c2bt,c2btN,c2btZ]
694
695    %Zusammenfassen der teilungsgemittelten Größen
696    in einer Matrix T%
697
698    T=[ALPHT,CPT2T,C2BT]
699
700    %Schreiben der Daten in Textdatei%
701
702    save -ascii outputT T
703
704    %Flächengemittelte Werte berechnen%
705
706    ALPHF=trapz(T(:,1),T(:,4))/trapz(T(:,1),T(:,3))
707
708    CPT2F=trapz(T(:,5),T(:,8))/trapz(T(:,5),T(:,7))
709
710    C2BF=trapz(T(:,9),T(:,12))/trapz(T(:,9),T(:,11))
711
712    F=[ALPHF,CPT2F,C2BF]
713
714    save -ascii outputF F
715
716    %Berechnen der Verluste%
717
718    %Profilverlust berechnen%
719
720    Yp=-CPT2T(NOS,2)/(C2BT(NOS,2)^2)
721
722    %Gesamverlust berechnen%
723
724    Y=(-abs(CPT1A)-CPT2F)./(C2BF^2)
```

Quelltext A.2: Quellcode: Kaskadenabströmung

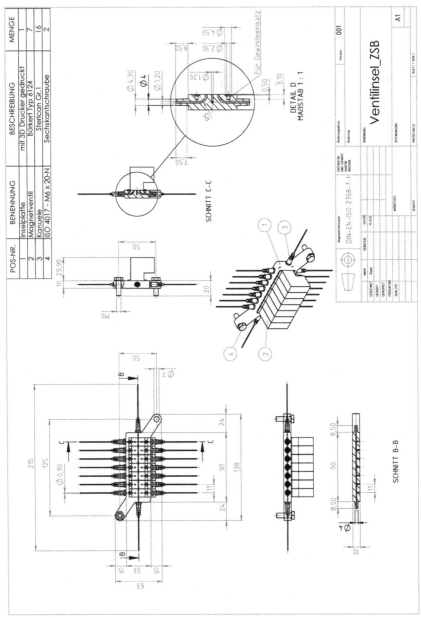

Abbildung B.1.: Technische Zeichnung der Ventilinsel

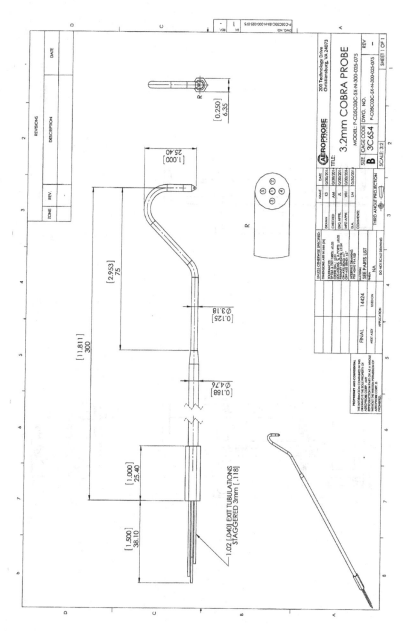

Abbildung B.2.: Technische Zeichnung der Fünflochsonde

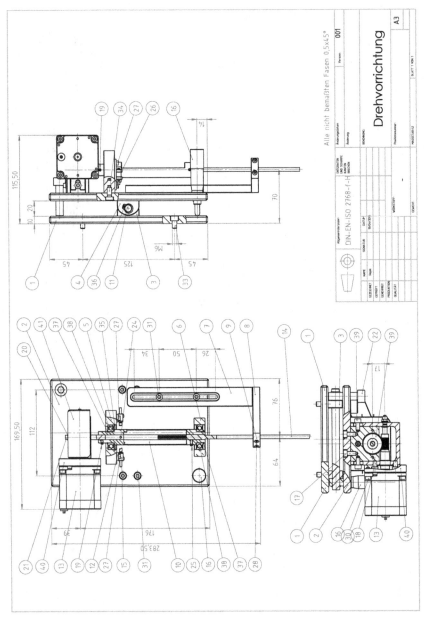

Abbildung B.3.: Technische Zeichnung der Drehvorrichtung

Tabelle B.1.: Stückliste der Drehvorrichtung

POS-NR.	BENENNUNG	MENGE
1	Grundplatte	1
2	Wiege	1
3	Achsenaufnahme 1	2
4	Achsenaufnahme 2	2
5	Festlagersitz	1
6	Loslagersitz	1
7	Stütze1	1
8	Stütze2	1
9	Stütze3	1
10	Aufnahmewelle	1
11	Achse	1
12	Befestigungsblech	2
13	Schrittmotor-MS135-HT-2-ArtNr 470551	1
14	Sonde	1
15	Endschalter	2
16	Mikrometerschraube	1
17	DIN 912 M5 x 12 — 12N	2
18	DIN 912 M5 x 8 — 8N	2
19	ISO 4027 - M3 x 6-N	2
20	Scheibe DIN 125 - A 3.2	1
21	DIN 912 M3 x 5 — 5N	1
22	DIN 912 M10 x 40 — 40N	1
23	Skt. Mutter ISO - 4032 - M3 - D - N	1
24	ISO 4027 - M3 x 16-N	1
25	ISO 4028 - M3 x 8-N	1
26	ISO 7045 - M2 x 8 - Z — 8N	4
27	ISO 4762 M3 x 6 — 6N	4
28	ISO 4762 M3 x 12 — 12C	2
29	ISO 4762 M3 x 16 — 16N	2
30	ISO 4762 M4 x 12 — 12N	4
31	ISO 4762 M5 x 10 — 10N	9
32	ISO 4762 M5 x 16 — 16N	1
33	ISO 4762 M6 x 10 — 10N	4
34	Passschraube - ISO 6x12	4
35	Sicherungsring DIN 472 - 32 x 1,2	1
36	Sicherungsring DIN 471 - 10 x 1	2
37	Sicherungsring DIN 471 - 15 x 1	2
38	Rillenkugellager 6002 - 2Z - P2	2
39	Schneckengetriebe	1
40	Motoraufnahme	1
41	Getriebedeckel	1

C. Ergänzende Abbildungen

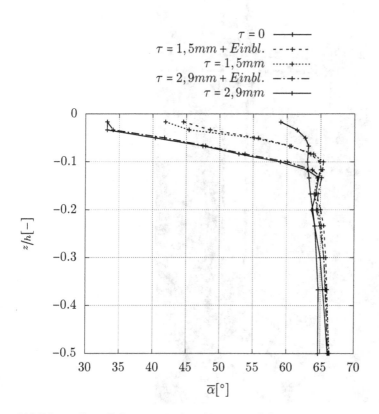

Abbildung C.1.: Teilungsgemittelter Abströmwinkel $\overline{\alpha}$

Abbildung C.2.: Foto des Versuchaufbaus

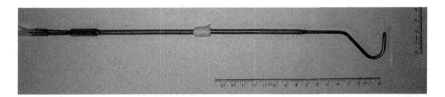

Abbildung C.3.: Foto der Fünflochsonde

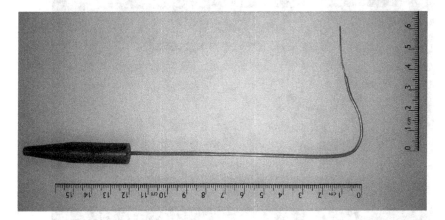

Abbildung C.4.: Miniaturisierte Pitotsonde mit einem Kopfdurchmesser von
$D = 0,8\,\text{mm}$

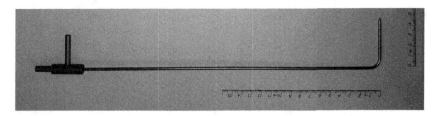

Abbildung C.5.: Prandtlsonde

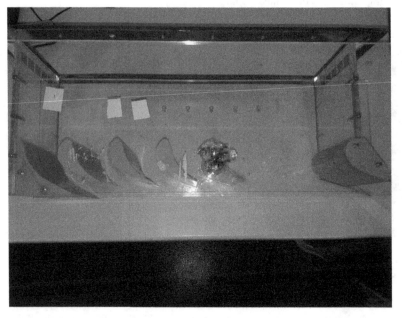

Abbildung C.6.: Foto der Testsektion mit zwei demontierten Schaufeln

Abbildung C.7.: Arbeitsplatz zur Schaufelbearbeitung

Printed in the United States
By Bookmasters